"十四五"职业教育国家规划教材

国家林业和草原局职业教育"十三五"规划教材

"十四五"职业教育河南省规划教材

园林制图

(第2版)

李高锋 张 纯 主编

中国林业出版社

内 容 简 介

园林制图是支撑园林设计、园林施工及造价等课程的基础课程。本教材内容分为园林工程制图基础和园林工程制图实务两个模块。前者介绍了园林制图的基本原理和知识,包括:园林工程图基本类型初识,制图工具和材料的识别与使用,工程图的基本制图标准,投影作图;后者在项目教学中融入必需的基本理论知识,主要内容包括:园林总平面图的绘制与识读,山水地形设计图的绘制与识读,园路与广场、园桥设计图的绘制与识读,园林建筑设计图的绘制与识读,植物景观设计图的绘制与识读以及园林效果图的绘制与识读。教材还配套课件、知识拓展和习题集等数字资源,以满足学生学习参考和知识面拓展的需要。

本教材可作为高等职业院校园林技术、园林工程技术、风景园林设计等专业的教材,同时也可作为园林、建筑类岗位从业人员培训用书。

图书在版编目(CIP)数据

园林制图 / 李高峰,张纯主编. —2 版. —北京:中国林业出版社,2021.6(2025.6 重印)
国家林业和草原局职业教育"十三五"规划教材
ISBN 978-7-5219-1170-1

Ⅰ. ①园… Ⅱ. ①李… ②张… Ⅲ. ①园林设计-建筑制图-高等职业教育-教材 Ⅳ. ①TU986.2

中国版本图书馆 CIP 数据核字(2021)第 094202 号

中国林业出版社·教育分社

策划编辑: 田 苗   康红梅
责任编辑: 田 苗
电　　话: 010-83143557
传　　真: 010-83143516

数字资源

出版发行	中国林业出版社(100009　北京市西城区德内大街刘海胡同 7 号) E-mail: jiaocaipublic@ 163.com http://www.forestry.gov.cn/lycb.html
印　刷	北京中科印刷有限公司
版　次	2014 年 1 月第 1 版(共印 4 次) 2021 年 6 月第 2 版
印　次	2025 年 6 月第 6 次印刷
开　本	787mm×1092mm　1/16
印　张	17
字　数	795 千字(含数字资源 413 千字)
定　价	56.00 元

未经许可,不得以任何方式复制或抄袭本书之部分或全部内容。

版权所有　侵权必究

《园林制图》(第 2 版)
编写人员

主 编

李高锋

张 纯

副主编

杨 磊

姚月华

唐必成

编写人员(按姓氏拼音排序)

李高锋(河南林业职业学院)

李耀健(宁波城市职业技术学院)

任雪玲(洛阳市绿化工程管理处)

唐必成(福建林业职业技术学院)

王 可(安徽林业职业技术学院)

徐一斐(湖南环境生物职业技术学院)

杨 磊(云南林业职业技术学院)

姚月华(广西生态工程职业技术学院)

张 纯(杨凌职业技术学院)

张 丹(河南林业职业学院)

张淑红(山西林业职业技术学院)

《园林制图》(第1版)
编写人员

主　编

李耀健
李高峰

副主编

李随文
张晓玲

编写人员(按姓氏拼音排序)

李随文（甘肃林业职业技术学院）
陈淑君（宁波城市职业技术学院）
李高峰（河南林业职业学院）
李耀健（宁波城市职业技术学院）
任雪玲（洛阳市绿化工程管理处）
徐一斐（湖南环境生物职业技术学院）
张　丹（河南林业职业学院）
张淑红（山西林业职业技术学院）
张晓玲（山西林业职业技术学院）
周业生（广西生态工程职业技术学院）

第 2 版前言

《园林制图》自 2014 年出版以来,以其实用性、通用性、时代性等特色得到了全国高职园林类专业同仁的厚爱,先后被许多院校作为专业课教材。

本次修订,主要根据实际教学中的经验,结合现代职业教育的特点,融入新标准、新规范,进一步提高教材质量。修订内容如下:

(1) 在第 1 版的基础上,根据《风景园林制图标准》(CJJ/T 67—2015)和《房屋建筑制图统一标准》(GB/T 50001—2017),对教材中的相关内容进行修订;

(2) 画法几何部分,由于计算机制图技术的发展,删除了两立体相交的内容,并在第 1 版的基础上,整合了投影作图部分;

(3) 增加知识拓展和习题集等内容作为数字资源,以满足学生学习参考和知识面拓展的需要。

本次修订由李高锋、张纯担任主编,杨磊、姚月华、唐必成任副主编。编写修订分工如下:李高锋、李耀健修订单元 1、单元 2、单元 3;张纯修订单元 4;张丹修订项目 1;杨磊、张淑红修订项目 2;李高锋、任雪玲修订项目 3;徐一斐、李高锋修订项目 4;姚月华、李耀健修订项目 5;唐必成、王可修订项目 6;李高锋负责全书的统稿工作。

由于编者水平所限,书中难免有不妥之处,恳请读者批评指正!

编 者
2020 年 10 月

第1版前言

"园林制图"是园林类专业的专业基础课程,主要支撑园林设计、园林工程施工及造价等课程;前者要求学生能规范地制图,后者要求学生会识图。因此本课程的学习目标是使学生掌握园林制图的基本知识和方法;使其具备园林制图和识图的基本技能和技术。

本教材按照"素质好、知识实、能力强"的培养目标进行定位,针对景观绘图员、景观设计员、施工员等岗位要求,去掉一些难度较大、理论性较强、实用性较弱的内容,将重点放在技能性训练和实际绘图能力的培养,将园林工程设计图(平、立、剖面图)与效果图(轴测、透视图)绘制的基本知识、标准与规范以及绘制能力融入各个教学项目中。本教材的内容分为基础学习和项目教学两个模块。基础学习模块简略地介绍园林制图的基本知识,以学生自主学习为主,不同院校根据情况不同可增减教师的教学辅导课时;项目教学中融入大量必需的基本理论知识,重点在于"教、学、做"一体化教学,从而突出和强化实践活动。在结合课程专业技能的学习过程中,注意贯穿培养诚信、刻苦、善于沟通和合作的品质,树立可持续的发展观,为发展职业能力奠定良好的基础。

本教材与以往同类教材相比,具有以下特点:

(1)根据课程特点,教材尽量体现项目任务驱动、实践导向的课程设计思想。

(2)按设计工作项目的顺序,结合职业技能考证要求组织教材内容。以典型的案例和实践操作为载体,引入必需的理论知识,加强操作训练,强调理论在实践过程中的应用。

(3)本教材图文并茂,直观形象,文字通俗简洁,提高学生的学习兴趣,通过各个案例和实践项目的操作,加深学生对知识与技能的认识。

(4)教材内容较好地体现时代性、通用性、实用性,将较新的设计理念和表现方式体现出来,使教材更贴近本专业的发展和实际需要。

(5)本课程的根本目的是培养学生的绘图和读图能力,在此基础上结合专业特点提高学生的绘图水平,因此教材中的图纸和相关内容尽量符合规范性、专业性和艺术性要求。

本教材由李耀健、李高锋担任主编,由李随文、张晓玲任副主编。编写分工如下:李耀健编写模块1;李高锋、张丹编写项目1;张晓玲、张淑红编写项目2;李高锋、任雪玲编写项目3;李随文、徐一斐编写项目4;李耀健、周业生编写项目5;李耀健、陈淑君编写项目6;由李耀健完成全书的统稿工作。

由于编者水平所限,书中内容不当之处在所难免,恳请读者批评指正!

编 者
2013年7月

目录

第 2 版前言
第 1 版前言

模块 1　园林工程制图基础　1

单元 1　园林工程图基本类型初识　2
1.1　园林工程图作用与含义　2
1.2　园林工程图基本类型及特点　3

单元 2　制图工具和材料的识别与使用　13
2.1　制图工具类型与使用方法　13
2.2　制图材料简介　18

单元 3　工程图基本制图标准　21
3.1　图纸幅面规格与图纸编排顺序　21
3.2　图线　25
3.3　字体　27
3.4　比例　31
3.5　尺寸标注　33
3.6　常用制图符号及定位轴线　41
3.7　建筑材料图例　45

单元 4　投影作图　49
4.1　正投影　49
4.2　剖面图和断面图　75
4.3　标高投影　80

目 录

模块 2　园林工程制图实务　89

项目 1　园林总平面图绘制与识读　90
　　任务 1-1　绘制与识读园林工程设计总平面图　90
　　任务 1-2　绘制与识读园林工程施工总平面图　95

项目 2　山水地形设计图绘制与识读　103
　　任务 2-1　绘制地形设计图　103
　　任务 2-2　绘制与识读假山水景设计图　120

项目 3　园路与广场、园桥设计图绘制与识读　138
　　任务 3-1　绘制与识读园路与广场设计图　138
　　任务 3-2　绘制与识读园桥设计图　156

项目 4　园林建筑设计图绘制与识读　164
　　任务 4-1　绘制与识读园林建筑平、立面图　164
　　任务 4-2　绘制与识读景观建筑剖(断)面图　185

项目 5　植物景观设计图绘制与识读　192
　　任务 5-1　绘制与识读种植设计平面图　192
　　任务 5-2　绘制与识读植物景观设计立(剖)面图　212

项目 6　园林效果图绘制与识读　226
　　任务 6-1　绘制与识读工程轴测图　226
　　任务 6-2　绘制与识读园林景点透视图、平视图　241
　　任务 6-3　绘制与识读鸟瞰图　254

参考文献　264

模块 1
园林工程制图基础

学习目标

会熟练使用制图工具和选择材料,能识别园林工程图的基本类型,并能查找和运用工程制图的标准和规范;能绘制和识读形体的三视图,能绘制和识读形体的剖、断面图;能绘制地形剖面线、建筑物与地面的交线;树立标准意识、规范意识;养成认真负责的工作态度和严谨细致的工作作风。

学习任务

(1)园林工程图基本类型初识;
(2)制图工具和材料的识别与使用;
(3)工程图基本制图标准;
(4)投影作图。

单元 1
园林工程图基本类型初识

学习目标

【知识目标】
(1) 理解园林工程图的作用和含义。
(2) 掌握园林工程图的类型及特点。

【技能目标】
(1) 能识别各类园林设计图。
(2) 具有初步的空间想象能力、自主学习和研究意识。

1.1 园林工程图作用与含义

1.1.1 园林工程制图作用

工程建设(如园林工程、建筑工程、装饰工程等)都要经过设计和施工两个主要过程。其中园林设计涉及面最广,是设计人员综合运用山石、水体、植物和建筑等造园要素,经过艺术构思把想象中的空间美景通过整套的设计图纸表示出来。一般要经过方案设计、技术设计、施工设计3个阶段。施工就是根据设计图纸把建筑造起来,把房间装饰起来,把"园"建造起来。

"园林制图"就是介绍园林设计图绘制和识读规律的一门课程,是从事园林工程建设的设计和施工技术人员表达设计意图、交流技术思想、指导生产施工等必须具备的基本知识和基本技能,不懂这门"语言",就是"图盲",工作起来会困难重重。另外,没有制图知识作基础,许多专业课程将难以甚至无法进行。因此,园林制图课程是园林技术、园林工程技术、风景园林设计及其相关专业的学生和从事相关行业的工程技术人员必须学习的内容。

1.1.2 园林工程图的含义

以园林设计为例,首先要提出方案,完成初步设计图(方案图),上报有关部门审批。有关部门审批后,还要绘制出指导施工用的整套图纸(施工图)。设计图与施工图的图示原理和绘图方法是一致的,但表达内容的深入程度、详细程度、准确程度不同。设

单元1 园林工程图基本类型初识

计图和施工图统称工程图。所以，工程图是按一定的投影原理和方法并遵照国家工程建设标准有关规定绘制的，准确表达工程体的形状、大小、位置，并说明有关技术要求的图样。它是审批建设工程项目的依据。在生产施工中，它是备料和施工的依据；当工程竣工时，要按照工程图的设计要求进行质量检查和验收，并以此评价工程优劣；工程图还是编制工程概算、预算和决算及审核工程造价的依据；工程图是具有法律效力的技术文件。

1.2 园林工程图基本类型及特点

根据设计阶段不同，园林工程图可分为园林设计图和施工图两大类。

1.2.1 园林设计图

(1) 园林总体规划设计图

园林总体规划设计图，以设计总平面图为主要表现形式(图1-1-1)。它表明一处征用地区域范围的总体综合设计内容，反映组成园林各部分之间的平面关系及尺寸，是表现工程总体布局的图样，也是工程施工放线、土方工程及编制施工规划的依据。它既有艺术构思的表现性，又有较强的科学性和施工指导性。优秀的平面图，既是图又是画。

为增加说明性，必要时还可绘出总立面图(图1-1-2)、剖面图、景点透视图(图1-1-3)或全园(或景区局部)的鸟瞰图(图1-1-4)等。

鸟瞰图是反映园林全貌的图样，具有一定的说明性，但主要作用在于艺术表现力。它把园林景观用透视法表现出来，好像一幅自然风景照片，给人以身临其境的真实感受。

(2) 竖向设计图

竖向设计图用来补充说明总平面图，又称地形设计图，反映造园要素的实际高程及它们之间的高差。图1-1-5为小游园竖向设计图。在园林工程和建筑工程设计图中一般都有竖向设计图，建筑装饰设计主要涉及室内设计，一般不用画这类图。

(3) 种植设计图

花草树木是构成园林的首要条件。种植设计是园林设计的核心。园林种植设计是表示设计植物的种类、数量和规格，种植位置、类型及种植要求的图样，是组织种植施工、编制预算和养护管理的重要依据。最简单的园林设计只要这一张图即可。图1-1-6为某办公楼前的种植设计图。

1.2.2 园林施工图

园林施工图从组成内容上来分应该包含园林施工总平面图、园林建筑(或称景观建筑)施工图、山水地形(含假山、水景及微地形等)施工图、园路栈桥(园路、铺装、园林栈桥等)施工图以及植物景观设计施工图。而植物景观设计施工图可理解为深化的种植设计图。通常把房屋、厅堂、园亭、园廊等称为园林建筑，广义的园林建筑也包括假

图 1-1-1 宣城纪念馆总平面图

单元 1　园林工程图基本类型初识

图 1-1-2　总立面图

图 1-1-3　透视图

图 1-1-4　鸟瞰图

图 1-1-5　某小游园竖向设计图

图 1-1-6　某办公楼前的种植设计图

山、园路、园桥和水景等(这一部分内容一般习惯称为水景工程图、假山工程图等)。因此,园林施工图主要还是表达园林建筑的设计构思和意图,以及建筑各部分的结构、构造、装饰、设备的做法和施工要求。

园林施工图根据专业分为建筑施工图、结构施工图和设备施工图。

(1)园林建筑(广义)施工图

建筑施工图简称"建施",主要反映园林建筑(含假山水景、园路栈桥等)的规划位置、外形和大小、内外装修、内部布置、细部构造做法及施工要求等。

①园林建筑(狭义)施工图　就是将园林建筑的内外形状、大小、构造、装饰等详细地表示在图纸上,用于指导工程施工。基本图样包括建筑总平面图、建筑平面图、建筑立面图、建筑剖面图、构造详图(施工图)和建筑透视图(设计图附)等。图 1-1-7 为古典亭(景观建筑)的建筑施工图,图 1-1-8 为公园伞亭花架(建筑小品)的建筑施工图。

②假山工程图　主要包括假山平面图、立面图、剖(断)面图和基础平面图(图 1-1-9),用于指导假山的施工。

③园路工程图　主要包括平面图和横断面图。平面图主要表示园路的平面布置情况,包括园路所在范围内的地形及建筑设施、路面宽度与高程等。横断面图一般与局部

图 1-1-7　古典亭的建筑施工图

图 1-1-8 伞亭花架的建筑施工图

图1-1-9 假山施工图

平面图配合，用以说明园路的断面形状、尺寸、各层材料、做法和施工要求等。

④驳岸工程图　驳岸工程属于水景工程，驳岸工程图包括驳岸平面图和断面详图（图1-1-10）。驳岸平面图表示驳岸线的位置和形状。断面详图表示某一区段驳岸的构造、尺寸、材料、做法要求及主要部位（如岸顶、常水位、最高水位、基础底面等）标高。

（2）结构施工图

结构施工图简称"结施"，主要表达建筑物承重结构如基础、梁柱、屋架的形状大小、布置、内部构造和使用材料等的详细情况，包括结构布置平面图、各构件结构详图等（图1-1-11）。园林建筑既要保证建筑物的使用功能，也要保证其稳定性、安全性和耐久性。

（3）设备施工图

主要表示各种设备、管道和线路的布置、走向以及安装施工要求等。设备施工图又分为给水排水施工图（水施）、供暖施工图（暖施）、通风与空调施工图（通施）、电气施工图（电施）等。设备施工图一般包括平面布置图、系统图和详图。

巩固训练

根据教师提供的园林工程图，识别其类型，并说出其特点。

自测题

1. 设计图与施工图有什么区别？
2. 什么是园林工程图？它的作用有哪些？

知识拓展

图 1-1-10 驳岸工程施工图

图 1-1-11 梁的结构详图

单元 2
制图工具和材料的识别与使用

学习目标

【知识目标】
(1)了解并识别图板、丁字尺、三角板、比例尺、多用圆规、曲线板、绘图笔、图纸、墨水、胶带纸等工具和材料。
(2)掌握制图工具和材料的使用方法。

【技能目标】
(1)能使用各种制图工具。
(2)能选择合理的制图材料。
(3)养成正确的绘图习惯。

2.1 制图工具类型与使用方法

2.1.1 绘图笔

在工程制图中主要用到的绘图笔有绘图铅笔、鸭嘴笔(直线笔)和针管笔等,可以用这些笔来完成草图和正图的绘制。

2.1.1.1 绘图铅笔

绘图铅笔中常用的是木质铅笔(图 1-2-1A)。根据铅芯的软硬程度分为 B 型和 H 型,"B"表示软铅芯,标号为 B、2B…6B,数字越大表示铅芯越软;"H"表示硬铅芯,标号为 H、2H…6H,数字越大表示铅芯越硬;"HB"软硬程度介于两者之间。用法如下:

图 1-2-1 绘图铅笔
A. 绘图铅笔 B. 咬合式自动铅笔 C. 套管式自动铅笔

①削铅笔时，笔尖应该削成锥形，铅芯露出6~8mm，并注意一定要保留有标号的一端。

②绘图时，根据不同用途选择不同型号的铅笔，通常B或HB用于画粗线，即定稿；H或者2H用于画细线，即打草稿；HB或者H用于画中线或书写文字。此外还要根据绘图纸选用绘图铅笔，绘图纸表面越粗糙选用的铅芯应该越硬，表面越细密选用的铅芯越软。

③除了木质铅笔还有自动铅笔，自动铅笔根据外观形式又分为咬合式自动铅笔（图1-2-1B）和套管式自动铅笔（图1-2-1C），在制图中建议用木质铅笔，这样画线时用力轻重比较容易控制，容易画出需要的线条；作草图不限用何种铅笔。

2.1.1.2 鸭嘴笔

鸭嘴笔又称直线笔或者墨线笔，笔头由两扇金属叶片构成（图1-2-2）。绘图时，在两扇叶片之间注入墨水，注意每次加墨量以不超过6mm为宜。通过调节笔头上的螺母调节两扇叶片的间距，从而改变墨线的粗细度。画线时，螺母应该向外，小指应该放在尺身上，笔杆向画线方向倾斜30°左右。

2.1.1.3 针管笔

针管笔又称绘图墨水笔，通过金属套管和其内部金属针的粗细度调节出墨量，从而控制线条的宽度

图1-2-2 鸭嘴笔

图1-2-3 针管笔及其构造示意图

（图1-2-3），在绘图中根据需要选择不同型号的针管笔。

（1）针管笔由于构造不同，添加墨水的方式有两种：一种可以像普通钢笔一样吸墨水；另一种带有一个可以拆卸的小管，可以向其中滴墨水。不管哪种方式，针管笔都不需要频繁加墨，并且对于线宽的调控更为方便，所以现在针管笔已经逐步取代鸭嘴笔。

（2）针管笔必须使用碳素墨水或专用的制图墨水，用后一定要清洗干净。利用鸭嘴笔或者针管笔描图线的过程称为上墨线，在绘制的过程中应该按照一定顺序进行：先曲后直，先上后下，先左后右，先虚后实，先细后粗，先图后框。

2.1.2 图板、制图用尺

2.1.2.1 图板

（1）规格与型号

图板有0号（1200mm×900mm）、1号（900mm×600mm）、2号（600mm×450mm）等规格与型号。图板的大小要比相应的图纸大一些，0号图板适用于绘制A0的图纸，1号图板适用于绘制A1的图纸。

(2)使用方法

选取光滑表面作为绘图工作面,将图纸利用图钉或者透明胶带固定于图板之上,绘制图纸时图板要倾斜放置,倾斜角度为20°左右。

2.1.2.2　丁字尺

丁字尺由尺头和尺身构成,有固定式和可调式两种。

(1)使用方法

尺头紧靠图板的工作边,上下移动尺身到合适位置,沿着丁字尺的工作边(有刻度的一边)从左到右绘制水平线条(图1-2-4)。

图1-2-4　图板、丁字尺、三角板的使用

(2)注意事项

不要使用工作边进行纸张裁剪,防止裁纸刀损坏工作边;另外,使用完毕最好将丁字尺悬挂起来,防止尺身变形。

2.1.2.3　三角板

一副三角板有 30°×60°×90° 和 45°×45°×90° 两块。所有的铅垂线都是由丁字尺和三角板配合绘制的,具体方法如图1-2-4、图1-2-5所示。

利用一副三角板可绘制与水平线成15°及其倍数角(如 30°、45°、60°、75°等)的斜线。

2.1.2.4　直尺

直尺是常见的绘图工具,是三角板的辅助工具,用于绘制一般直线。直尺的用法比较简单,在这里就不做介绍了。

图1-2-5　垂直线的绘制

图 1-2-6 三棱尺和比例直尺

2.1.2.5 比例尺

很多时候需要根据实际情况选择适宜的比例，将形体缩放之后绘制到图纸上。人们将常用的比例用刻度表现出来，以缩放图纸或者量取实际长度，这样的量度工具称为比例尺。

常见的比例尺有三棱尺和比例直尺两种（图1-2-6）。

（1）三棱尺成三棱柱状，通常有6种刻度，分别为1∶100、1∶200、1∶300、1∶400、1∶500和1∶600。比例直尺外观与一般的直尺没有区别，通常有1行刻度和3行数字，分别对应1∶100、1∶200和1∶500这3种比例，还应注意比例尺上的数字以米为单位。

（2）比例尺是图上距离与实际距离之比，分子为1，分母为整数，分母越大比例尺越小。实际距离=图上距离×M，M为比例尺分母。图纸比例尺主要根据图纸的类型和要求来确定，具体内容将在后文介绍。

（3）图纸缩放计算公式为 $x = a \cdot M_1/M_2$，其中 x 代表缩放后图上距离，a 为原图上对应距离，M_1、M_2 分别为原图、新图比例尺的分母。

（4）比例尺最主要的用途就是可以不用换算直接得到图上某段长度的实际距离。以图1-2-6中的比例直尺的使用为例，假设图上长度为2cm，如果是1∶100的比例，就应该按照比例直尺第一行读数读取，即实际长度是2m；如果是1∶200的比例，则实际长度为4m；如果是1∶500的比例，实际距离就应该是10m。此外，1∶200的刻度还可以作为1∶2、1∶20、1∶2000比例尺使用，只需要将得到的数字按照比例缩放即可，图上距离仍然为2cm，以上比例对应的实际距离分别为0.04m、0.4m、40m，其他比例的使用方法与此相同。

2.1.3 圆规与分规

2.1.3.1 圆规

圆规用于画圆和圆弧、量取线段长度、等分线段以及基本的几何作图等。常见的是三用圆规，一只脚的端部插的是钢针，用于确定圆心；另一只脚的端部可以根据需要安装铅芯、针管笔专用接头或者钢针，分别用于绘制圆、墨线圆以及作为分规使用。

①绘制圆时，铅芯底端要与钢针的台肩平齐，一般应伸出芯套6~8mm（图1-2-7A）。

②绘制墨线圆时，需要将圆规安装铅芯的一只脚卸下，安装与针管笔连接的构件（图1-2-7B）。

③绘制圆周或者圆弧时，应该按照顺时针的方向转动，并稍向画线的方向倾斜（图1-2-7C）。

除了一般的圆规之外，当绘制直径小于10mm的圆周时，可以采用专门绘制小圆的点圆规。

图 1-2-7　圆规的用法

2.1.3.2　分规

分规主要用来量取长度和等分线段或弧线，可以用圆规代替。分规常用于机械制图中，在园林制图中用得比较少，在这里就不做详细介绍了。

2.1.4　制图模板类

2.1.4.1　建筑模板

图 1-2-8　建筑模板

建筑模板主要用来绘制各种建筑标准图例和常用的符号，如柱、墙、门的开启线，详图索引符号等，模板上镂空的符号和图例符合比例，只要用笔将镂空的图形描绘出来就可以（图 1-2-8）。

2.1.4.2　曲线板

图纸中非圆曲线可以借助曲线板进行描绘。曲线板的形式有很多，如图 1-2-9 所示。一般可选用复式曲线板，相当于这几种形式的组合（图 1-2-10）。

为了保证曲线的圆滑程度，使用曲线板的时候应该按以下步骤操作：

①定出曲线上足够数量的点；

②在曲线板上选取相吻合的曲线段，从曲线起点开始，第一段连线的原则是找四点

图 1-2-9　各种曲线板

图 1-2-10　复式曲线板

连三点，即找与点1、2、3、4吻合的曲线，但是只连接1、2、3这3个点；

③以后的部分连线的原则是找五点连三点，并向前回退一个点，如第二段曲线，找到与点2、3、4、5、6吻合的曲线，然后顺次连接点3、4、5这3个点，以后依此类推（图1-2-11）。

图1-2-11　曲线板的使用

图1-2-12　圆模板

2.1.4.3　圆模板

在园林设计图纸中有很多圆形，如广场、种植池、树木的平面图例等，如果都借助圆规来绘制工作量大且烦琐，这时可以借助圆模板（图1-2-12）。使用时，根据需要按照圆板上的标注找到直径合适的圆，利用标识符号对准圆心，沿镂空的内沿绘制圆周即可。

2.1.4.4　椭圆模板

除了圆模板之外，还有用于绘制不同尺度椭圆的椭圆模板。椭圆模板形式与圆模板相似，只不过镂空的图形是一系列椭圆，使用方法与圆模板相同。

在使用模板或者丁字尺、三角板等工具时，为了防止跑墨，可以将丁字尺、三角板反过来使用，使其斜面朝下；也可以在这些工具的背面找几个支点，粘上相同厚度的纸片，这样工具与图纸就会保留一定的空隙。

2.2　制图材料简介

2.2.1　图纸

制图图纸种类比较多，如草图纸、硫酸纸、制图纸，各种图纸有着各自的特点和优势，使用时根据实际需要加以选择。

2.2.1.1 草图纸

草图纸价格低廉,纸薄、透明,如普通白纸、拷贝纸等,一般用来临摹、打草稿、记录设计构想。

2.2.1.2 硫酸纸

硫酸纸一般为浅蓝色,透明光滑,纸质薄且脆,不易保存,但由于硫酸纸绘制的图纸可以通过晒图机晒成蓝图,进行保存,所以硫酸纸广泛应用于设计的各个阶段,尤其是需要备份、图纸份数较多的施工图阶段。

2.2.1.3 制图纸

制图纸纸质厚重,不透明,整张为标准 A0 大小(幅面尺寸为1189mm×841mm),制图时根据需要进行裁剪。

此外,还有牛皮纸、白卡纸、铜版纸等制图用纸。

2.2.1.4 其他

(1)橡皮、清洁刷、擦图片

橡皮最好选用专用的制图橡皮,并配合清洁刷清除橡皮屑。清洁刷可以根据需要选择,清洁、柔软即可。

为了防止擦掉有用的线条,可以选配擦图片(图 1-2-13),有塑料的和金属的,也可以自己制作。

(2)墨水

由于绘制正图线条使用的是针管笔,植物、山石的绘制及写字也可以用钢笔或美工笔等,因此,一定要采用碳素墨水或者专门的制图墨水。

图 1-2-13 擦图片

(3)辅助材料

除了上面所列的物品之外,还需要准备排笔(图 1-2-14)、裁纸刀、刀片、透明胶带、图钉等。

用橡皮擦拭图纸时,会出现很多橡皮屑,为了保持图面整洁,应及时用排笔将橡皮屑清扫干净。

另外,绘图时还需用胶带纸(或绘图钉和夹子)、砂纸、小刀、单(双)面刀片等用品。

图 1-2-14 排 笔

巩固训练

运用制图工具对照教师提供的范图进行重复性操作练习，并同时熟悉有关材料的性能。

每种主要工具按要求进行重复性操作练习，课堂上先在教师的指导下进行训练，然后课外反复训练，为了增加趣味和有效性，可对照有关工程图进行综合性的操作训练。

自测题

1. 如何用丁字尺来画平行线以及与三角板结合画垂直线？
2. 如何用曲线板来画不规则曲线，使之形成圆滑的曲线？
3. 到文化用品商店熟悉绘图用的常用材料特点，并进行合理选购。

知识拓展

单元 3
工程图基本制图标准

学习目标

【知识目标】
(1) 了解图纸图幅、标题栏与会签栏、图线、字体、比例、尺寸标注、常用符号、常用图例等标准和规范。
(2) 初步掌握书写文字和画线要领。
(3) 掌握工程图的制图规范。

【技能目标】
(1) 知道标准图幅的大小，会写工程字，能准确画线。
(2) 能按比例标注图样尺寸。
(3) 能绘制和识读常用图例和符号。
(4) 在制图中能查找和使用有关标准和规范。

3.1 图纸幅面规格与图纸编排顺序

为了统一工程制图规则，保证图面质量，提高制图的效率，便于技术交流，满足设计、施工、管理等的要求，根据《房屋建筑制图统一标准》(GB/T 50001—2017)、《风景园林制图标准》(CJJ/T 67—2015)等标准，结合园林工程图的特点，介绍有关规定。在园林图的绘制过程中，必须遵守国家的有关标准。

3.1.1 图幅、图框

图幅，即图纸幅面，是指图纸宽度与长度组成的图面。制图所用图纸的幅面及图框尺寸应符合表 1-3-1 的规定，并应符合图 1-3-1 规定的格式。A0 号图纸的长边为

表 1-3-1 图纸幅面及图框尺寸　　　　　　　　　　　　　　　　　mm

尺寸代号	幅面代号				
	A0	A1	A2	A3	A4
$b \times l$	841 × 1189	594 × 841	420 × 594	297 × 420	210 × 297
c	10			5	
a	25				

注：表中 b 为幅面短边尺寸，l 为幅面长边尺寸，c 为图框线与幅面线间宽度，a 为图框线与装订边之间宽度。

图 1-3-1　图纸幅面格式

1189mm，短边为841mm，A1号图纸幅面大小是A0号图纸沿长边对开(1/2)，A2号图纸幅面大小是A1号图纸幅面沿长边对开，以此类推(图1-3-2)。

图纸的使用一般分为横式和立式两种，以短边作为垂直边为横式，以短边作为水平边为立式。A0~A3图纸宜横式使用，必要时也可立式使用，如图1-3-1所示。

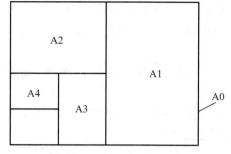

图1-3-2　图纸的裁剪

绘图时可以根据需要加长图纸长边的尺寸，短边不应加长。A0~A3幅面长边尺寸可加长，但加长后的尺寸应符合表1-3-2的规定。

表1-3-2　图纸长边加长尺寸　　　　　　　　　　　　　　　　　　　　　　mm

幅面代号	长边尺寸	长边加长后的尺寸							
A0	1189	1486	1783	2080	2378				
A1	841	1051	1261	1471	1682	1892	2102		
A2	594	743	891	1041	1189	1338	1486	1635	1783	1932	2080
A3	420	630	841	1051	1261	1471	1682	1892		

在一个工程设计中，每个专业所使用的图纸不宜多于两种幅面(不含目录及表格所采用的A4幅面)。

3.1.2　标题栏、会签栏

图纸中应有标题栏、图框线、幅面线、装订边线和对中标志。

(1)标题栏

园林初步设计和施工图设计的图纸应绘制标题栏，标题栏的内容应包括设计单位全称、项目名称、项目编号、工作阶段、图纸名称、图纸编号、制图比例、技术责任、修改记录、编绘日期等，要集中制成一个表格并放在图纸的规定位置(图1-3-3)。

(2)会签栏

会签栏是各种负责人签字用的表格，栏内应填写会签人员所代表的专业、姓名、日期(图1-3-4)，其尺寸为100mm×20mm。

图纸的标题栏及装订边的位置，应符合下列规定：
①横式使用的图纸，应按图1-3-1中A、B或C规定的形式布置；
②立式使用的图纸，应按图1-3-1中D、E或F规定的形式布置。

应根据工程的需要选择确定标题栏、会签栏的尺寸、格式及分区。当采用图1-3-1中A、B、D、E布置时，标题栏应按图1-3-3中A、B所示布局；当采用图1-3-1中C、F布置时，标题栏、会签栏应按图1-3-3中C、D及图1-3-4所示布局。会签栏应包括实名列和签名列，并应符合下列规定：
①涉外工程的标题栏内，各项主要内容的中文下方应附有译文，设计单位的上方或

左方，应加"中华人民共和国"字样。

②当由两个以上的设计单位合作设计同一个工程时，设计单位名称区可依次列出设计单位名称。

③用于讲解、宣传、展示的规划、方案图纸可不设标题栏、会签栏，可在图纸的固定位置署名。

学生制图作业标题栏格式可参照图 1-3-5。

图 1-3-3 标题栏

图 1-3-4 会签栏

图 1-3-5 学生制图作业标题栏

3.1.3 图纸编排顺序

工程图纸应按专业顺序编排，应为图纸目录、设计说明、总图、建筑图、结构图、给水排水图、暖通空调图、电气图等。

各专业的图纸，应按图纸内容的主次关系、逻辑关系进行分类，做到有序排列。

园林规划制图图纸编排顺序应为现状图纸、规划图纸，图纸顺序应与规划文本的相关内容顺序一致。

园林初步设计和施工图设计的图纸编排顺序应为封面、目录、设计说明和设计图纸。

3.2 图线

图线是指起点和终点间以任何方式连接的一种几何图形，可以是直线或曲线，连续或不连续线。在绘图时，为了清晰地表达图中的不同内容，并能够分清主次，必须正确地使用不同的线型和选择合适的线宽。

3.2.1 线宽组

图线的基本线宽 b，宜按照图纸比例及图纸性质从 1.4mm、1.0mm、0.7mm、0.5mm 线宽系列中选取。每个图样应根据复杂程度与比例大小，先选定基本线宽 b，再选用表 1-3-3 中相应的线宽组。

表 1-3-3 线宽组　　　　　　　　　　　　　　　　　　　　　　　　　　mm

线宽比	线宽组			
b	1.4	1.0	0.7	0.5
$0.7b$	1.0	0.7	0.5	0.35
$0.5b$	0.7	0.5	0.35	0.25
$0.25b$	0.35	0.25	0.18	0.13

注：1. 需要缩微的图纸，不宜采用 0.18mm 及更细的线宽。
2. 同一张图纸内，各不同线宽中的细线，可统一采用较细的线宽组的细线。

3.2.2 线型

线型是指绘图中所使用的不同形式的线。园林工程制图中的线型有实线、虚线、单点画线、双点画线、折断线和波浪线等，其中有些线型还分粗、中、细等。

设计图纸图线的线型、线宽及主要用途应符合表1-3-4的规定。

表1-3-4　图线的线型、线宽及主要用途

名称		线型	线宽	主要用途
实线	极粗	▬▬▬▬▬	2b	地面剖断线
	粗	———————	b	1）总平面图中建筑外轮廓线、水体驳岸顶线； 2）剖断线
	中	———————	0.5b	1）构筑物、道路、边坡、围墙、挡土墙的可见轮廓线； 2）立面图的轮廓线； 3）剖面图未剖切到的可见轮廓线； 4）道路铺装、水池、挡墙、花池、坐凳、台阶、山石等高差变化较大的线； 5）尺寸起止符号
	细	———————	0.25b	1）道路铺装、挡墙、花池等高差变化较小的线； 2）放线网格线、图例线、尺寸线、尺寸界线、引出线、索引符号等； 3）说明文字、标注文字等
	极细	———————	0.15b	1）现状地形等高线； 2）平面、剖面中的纹样填充线； 3）同一平面不同铺装的分界线
虚线	粗	▬ ▬ ▬ ▬ ▬	b	新建筑物和构筑物的地下轮廓线，建筑物、构筑物的不可见轮廓线
	中	— — — — —	0.5b	1）局部详图外引范围线； 2）计划预留扩建的建筑物、构筑物、铁路、道路、运输设施、管线的预留用地线； 3）分幅线
	细	- - - - -	0.25b	1）设计等高线； 2）各专业制图标准中规定的线型
单点画线	粗	▬ · ▬ · ▬	b	1）露天矿开采界限； 2）见各有关专业制图标准
	中	— · — · —	0.5b	1）土方填挖区零线； 2）各专业制图标准中规定的线型
	细	- · - · -	0.25b	1）分水线、中心线、对称线、定位轴线； 2）各专业制图标准中规定的线型
双点画线	粗	▬ ·· ▬ ·· ▬	b	规划边界和用地红线
	中	— ·· — ·· —	0.5b	地下开采区塌落界限
	细	- ·· - ·· -	0.25b	建筑红线

(续)

名称	线型	线宽	主要用途
折断线	～/～	0.25b	断开界线
波浪线	～～～	0.25b	

注：b 为线宽宽度，视图幅的大小而定，宜用 1mm。

3.2.3 图线的画法及注意事项

①同一张图纸内，相同比例的各图样应选用相同的线宽组。

②图纸的图框和标题栏线可采用表 1-3-5 的线宽。

表 1-3-5　图框和标题栏线的宽度

幅面代号	图框线	标题栏外框线、对中标志	标题栏分格线、幅面线
A0、A1	b	0.5b	0.25b
A2、A3、A4	b	0.7b	0.35b

③图线线宽为基本要求，可根据图面所表达的内容进行调整以突出重点。

④相互平行的图例线，其净间隙或线中间隙不宜小于 0.2mm。

⑤虚线、单点画线或双点画线的线段长度和间隔，宜各自相等。

⑥单点画线或双点画线，当在较小图形中绘制有困难时，可用实线代替。

⑦单点画线或双点画线的两端，不应采用点。点画线与点画线交接或点画线与其他图线交接时，应采用线段交接。

⑧虚线与虚线交接或虚线与其他图线交接时，应采用线段交接。虚线为实线的延长线时，不得与实线相接（图 1-3-6）。

⑨图线不得与文字、数字或符号重叠、混淆，不可避免时，应首先保证文字的清晰。

图 1-3-6　图线交接的正确画法

3.3　字体

字体是指文字的风格式样，又称书体。

图纸上所需书写的文字、数字或符号等，均应笔画清晰、字体端正、排列整齐；标点符号应清楚正确。

文字的字高，应从表 1-3-6 中选用。字高大于 10mm 的文字宜采用 True type 字体，如需书写更大的字，则字高应按 $\sqrt{2}$ 的倍数递增。

制图中所用的字体应统一，同一图纸中文字字体种类不应超过两种。应使用中文标准简化汉字。需加注外文的项目，可在中文下方加注外文，外文应使用印刷体或书写体

表 1-3-6 文字的字高　　　　　　　　　　　　　　　　　　　　　　　　　　mm

字体种类	汉字矢量字体	True type 字体及非汉字矢量字体
字高	3.5、5、7、10、14、20	3、4、6、8、10、14、20

等。中文、外文均不宜使用美术体。数字应使用阿拉伯数字的标准体或书写体。

3.3.1 汉字

图样及说明中的汉字，宜优先采用 True type 字体中的宋体字型，采用矢量字体时应为长仿宋体字型。矢量字体的宽高比宜为 0.7，其字高和字宽应符合表 1-3-7 的规定。True type 字体宽高比宜为 1。大标题、图册封面、地形图等的汉字，也可书写成其他字体，但应易于辨认，其宽高比宜为 1。

表 1-3-7　长仿宋字高宽关系　　　　　　　　　　　　　　　　　　　　　　mm

字高	3.5	5	7	10	14	20
字宽	2.5	3.5	5	7	10	14

汉字的简化书写应符合国家有关汉字简化方案的规定。

3.3.1.1 长仿宋体字的写法

①在书写长仿宋字时，应先打好字格，以便字与字之间的间隔均匀、排列整齐。书写时应做到字体满格、端正，注意起笔和落笔的笔锋抑扬顿挫和横平竖直。

②书写长仿宋字时，要注意汉字的结构，并应根据汉字的不同结构特点，灵活处理偏旁和整体的关系。

③每一笔画的书写都应做到干净利落、顿挫有力，不应歪曲、重叠和脱节，并特别注意起笔、落笔和转折等。

④长仿宋字书写的基本笔画见表 1-3-8。

表 1-3-8　长仿宋字书写的基本笔画（运笔特征）

笔画名称	笔法	运笔说明
横		横可略斜，运笔起落略顿，使尽端呈三角形，但应一笔完成
竖		竖要垂直，有时可向左略斜，运笔同横
撇		撇的起笔同竖，但是随斜向逐渐变细，而运笔也由重到轻
捺		捺与撇相反，起笔轻而落笔重，终端稍顿再向右尖挑

（续）

笔画名称	笔 法	运 笔 说 明
点		点笔起笔轻而落笔重，形成上尖下圆的光滑形象
竖钩		竖钩的竖向竖笔，但要挺直，稍顿后向左上尖挑
横钩		横钩由两笔组成，横向横笔，末笔应起重落轻，钩尖如针
挑		运笔由轻到重再轻，由直转弯，过渡要圆滑，转折有棱角

⑤为了使字行清楚，行距应大于字距。通常字距约为字高的1/4，行距约为字高的1/2。图纸中常用10、7、5三类字高，如图1-3-7所示。

字高10mm

风景园林规划设计总平面图

字高7mm

建筑结构施工竖向水体道路广场植物

字高5mm

景观山石驳岸铺装平立剖断面详说明比例指北针

字高3.5mm

钢筋混凝土砖砂木材玻璃钢塑料自然夯实土壤乔灌木草坪绿化树

图 1-3-7　长仿宋字例字

3.3.1.2　黑体字的写法

①黑体字又称等线体，即笔画的粗细相等。黑体字的字形一般为正方形，且字形较大，显得醒目、有力，多用于大标题或图册封面，园林图中也常用黑体字表达其设计效果。

②书写黑体字时，应做到字形饱满有力、横平竖直；各种笔画的宽度相等，无起笔和落笔的笔锋。

③黑体字基本笔画见表1-3-9，黑体字例字如图1-3-8所示。

表 1-3-9　黑体字书写的基本笔画(运笔特征)

横	竖	竖撇	斜撇	平撇	斜撇
一	丨	丿	丿	一	丶
左斜点	挑点	挑	平捺	顿捺	右斜点
丶	丿	丿	一	㇏	丶
竖钩	左弯钩	右弯钩	竖平钩	折弯钩	折平钩
亅	丿	乚	乚	𠃍	乙

北 京 天 津 上 海 重 庆 香 港 澳 门
台 湾 内 蒙 古 黑 龙 江 吉 林 辽 宁
山 东 河 南 安 徽 福 建 苏 浙 湖 夏
广 西 贵 州 青 云 藏 新 疆 回 壮 族
省 自 治 行 政 区 直 辖 市 州 县 镇

图 1-3-8　黑体字例字

3.3.2　数字与字母

图样及说明中的字母、数字，宜优先采用 True type 字体中的 Roman 字型，书写规则应符合表 1-3-10 的规定。

表 1-3-10　字母及数字的书写规则

书写格式	字　体	窄字体
大写字母高度	h	h
小写字母高度(上下均无延伸)	$7/10h$	$10/14h$
小写字母伸出的头部或尾部	$3/10h$	$4/14h$
笔画宽度	$1/10h$	$1/14h$
字母间距	$2/10h$	$2/14h$
上下行基准线的最小间距	$15/10h$	$21/14h$
词间距	$6/10h$	$6/14h$

工程图纸中常用到的拉丁字母、阿拉伯数字和罗马数字的书写，都可根据需要写成直体或斜体。当需写成斜体字时，其斜度应是从字的底线逆时针向上倾斜 75°。斜体字的高度和宽度应与相应的直体字相等。

数字及字母也可按其笔画宽度分为一般字体和窄字体两种，数字与字母的字高不应小于 2.5mm。

数量的数值注写，应采用正体阿拉伯数字。各种计量单位凡前面有量值的，均应采用国家颁布的单位符号注写。单位符号应采用正体字母。

分数、百分数和比例数的注写，应采用阿拉伯数字和数字符号。

当注写的数字小于1时，应写出个位的"0"，小数点应采用圆点，齐基准线书写。

字母和数字分A型和B型，A型字体的笔画宽度(d)为字高(h)的1/14，B型字体的笔画宽度(d)为字高(h)的1/10。在同一图样上，只允许选用一种型式的字体。数字及字母书写示例如图1-3-9所示。

图1-3-9　数字及字母书写示例

为了使字体排列整齐匀称，满型的字体如"图""凝"等须略小些，而笔画少的字体如"土""小"等须略大些，这样统观起来效果较好。

长仿宋汉字、字母、数字应符合现行国家标准《技术制图 字体》(GB/T 14691—1993)的有关规定。

3.4 比例

3.4.1 基本规定

图样的比例，应为图形与实物相对应的线性尺寸之比。

比例的符号应为"："，比例应以阿拉伯数字表示，如1：1、1：5、1：100等。

比例宜注写在图名的右侧，字的基准线应取平；比例的字高宜比图名的字高小一号或二号，如图1-3-10所示。

绘图所用的比例应根据图样的用途与被绘对象的复杂程度，从表1-3-11中选用，并应优先采用表中常用比例。

平面图 1:100　　⑥ 1:20

图1-3-10　比例的注写

表 1-3-11　绘图所用的比例

常用比例	1∶1、1∶2、1∶5、1∶10、1∶20、1∶30、1∶50、1∶100、1∶150、1∶200、1∶500、1∶1000、1∶2000
可用比例	1∶3、1∶4、1∶6、1∶15、1∶25、1∶40、1∶60、1∶80、1∶250、1∶300、1∶400、1∶600、1∶5000、1∶10 000、1∶20 000、1∶50 000、1∶100 000、1∶200 000

一般情况下,一个图样应选用一种比例。根据专业制图需要,同一图样可选用两种比例。

特殊情况下也可自选比例,这时除应注出绘图比例外,还应在适当位置绘制出相应的比例尺。需要缩微的图纸应绘制比例尺。

3.4.2　园林设计制图比例

①方案设计图纸常用比例应符合表 1-3-12 的规定。

表 1-3-12　方案设计图纸常用比例

图纸类型	绿地规模（hm²）		
	≥50	<50	异形超大
总图类(用地范围、现状分析、总平面、竖向设计、建筑布局、园路交通设计、种植设计、综合管网设施等)	1∶500、1∶1000	1∶1000、1∶2000	以整比例表达清楚或标注比例尺
重点景区的平面图	1∶200、1∶500	1∶200、1∶500	1∶200、1∶500

②初步设计和施工图设计图纸常用比例应符合表 1-3-13 的规定。

表 1-3-13　初步设计和施工图设计图纸常用比例

图纸类型	初步设计图纸常用比例	施工图设计图纸常用比例
总平面图(索引图)	1∶500、1∶1000、1∶2000	1∶200、1∶500、1∶1000
分区(分幅)图	—	可无比例
放线图、竖向设计图	1∶500、1∶1000	1∶200、1∶500
种植设计图	1∶500、1∶1000	1∶200、1∶500
园路铺装及部分详图、索引平面图	1∶200、1∶500	1∶100、1∶200
园林设备、电气平面图	1∶500、1∶1000	1∶200、1∶500
建筑、构筑物、山石、园林小品设计图	1∶50、1∶100	1∶50、1∶100
做法详图	1∶5、1∶10、1∶20	1∶5、1∶10、1∶20

3.5 尺寸标注

在工程图中，除了按比例画出物体的图形外，还必须标注其实际尺寸，才能完整地表达出形体的大小和各部分的相对关系，进行正确无误的施工。

3.5.1 尺寸标注的基本要素

图样上的尺寸，应包括尺寸界线、尺寸线、尺寸起止符号和尺寸数字(图1-3-11)。

图1-3-11　尺寸的组成　　图1-3-12　轮廓线用作尺寸界线

(1)尺寸界线

尺寸界线应用细实线绘制，应与被注长度垂直，其一端应离开图样轮廓线不小于2mm，另一端宜超出尺寸线2~3mm。必要时，图样轮廓线可用作尺寸界线(图1-3-12)。

(2)尺寸线

尺寸线应用细实线绘制，应与被注长度平行，两端宜以尺寸界线为边界，也可超出尺寸界线2~3mm。图样本身的任何图线均不得用作尺寸线。

(3)尺寸起止符号

尺寸起止符号用中粗斜短线绘制，其倾斜方向应与尺寸界线成顺时针45°角，长度宜为2~3mm。轴测图中用小圆点表示尺寸起止符号，小圆点直径1mm(图1-3-13A)。半径、直径、角度与弧长的尺寸起止符号，宜用箭头表示，箭头宽度 b 不宜小于1mm(图1-3-13B)。

(4)尺寸数字

图样上的尺寸，应以尺寸数字为准，不应从图上直接量取。

图样上的尺寸单位，除标高及总平面以米为单位外，其他必须以毫米为单位。

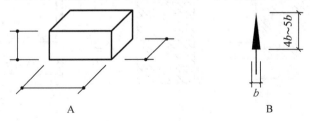

图1-3-13　尺寸起止符号

A. 轴测图尺寸起止符号　B. 箭头尺寸起止符号

图 1-3-14 尺寸数字的注写方向
A. 尺寸数字的注写形式　B. 30°斜线区内注写形式

尺寸数字的方向，应按图 1-3-14A 的规定注写。若尺寸数字在 30°斜线区内，也可按图 1-3-14B 的形式注写。

尺寸数字应依据其方向注写在靠近尺寸线的上方中部。如没有足够的注写位置，最外边的尺寸数字可注写在尺寸界线的外侧，中间相邻的尺寸数字可上下错开注写，可用引出线表示标注尺寸的位置（图 1-3-15）。

图 1-3-15 尺寸数字的注写位置

3.5.2 尺寸的排列与布置

尺寸宜标注在图样轮廓以外，不宜与图线、文字及符号等相交（图 1-3-16A）。

互相平行的尺寸线，应从被注写的图样轮廓线由近向远整齐排列，较小尺寸应离轮廓线较近，较大尺寸应离轮廓线较远（图 1-3-16B）。

图样轮廓线以外的尺寸界线，距图样最外轮廓之间的距离不宜小于 10mm。平行排列的尺寸线的间距宜为 7~10mm，并应保持一致（图 1-3-16B）。

总尺寸的尺寸界线应靠近所指部位，中间的分尺寸的尺寸界线可稍短，但其长度应相等（图 1-3-16B）。

图 1-3-16 尺寸的排列与布置
A. 尺寸数字的注写　B. 尺寸的排列

3.5.3 半径、直径尺寸标注

(1) 半径尺寸标注

半径的尺寸线应一端从圆心开始，另一端画箭头指向圆弧。半径数字前应加注半径符号"R"(图1-3-17)。

较小圆弧的半径，可按图1-3-18A的形式标注。

较大圆弧的半径，可按图1-3-18B的形式标注。

图 1-3-17　半径标注方法

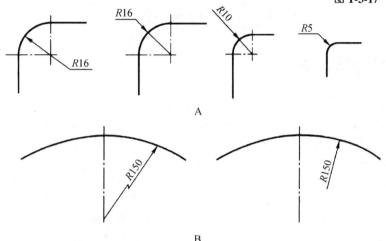

图 1-3-18　圆弧半径的标注方法
A. 小圆弧半径标注方法　B. 大圆弧半径标注方法

(2) 直径尺寸标注

标注圆的直径尺寸时，直径数字前应加直径符号"ϕ"。在圆内标注的尺寸线应通过圆心，两端画箭头指至圆弧(图1-3-19)。

较小圆的直径尺寸，可标注在圆外(图1-3-20)。

标注球的半径尺寸时，应在尺寸前加注符号"SR"。标注球的直径尺寸时，应在尺寸数字前加注符号"Sϕ"。注写方法与圆弧半径和圆直径的尺寸标注方法相同。

图 1-3-19　圆直径的标注方法

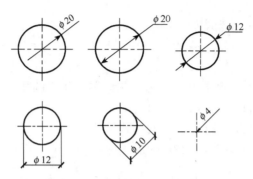

图 1-3-20　小圆直径的标注方法

3.5.4　角度、弧长、弦长标注

（1）角度标注

角度的尺寸线应以圆弧表示。该圆弧的圆心应是该角的顶点，角的两条边为尺寸界线。起止符号应以箭头表示，如没有足够位置画箭头，可用圆点代替，角度数字应沿尺寸线方向注写（图 1-3-21）。

（2）弧长标注

标注圆弧的弧长时，尺寸线应以与该圆弧同心的圆弧线表示，尺寸界线应指向圆心，起止符号用箭头表示，弧长数字上方或前方应加注圆弧符号"⌒"（图 1-3-22）。

（3）弦长标注

标注圆弧的弦长时，尺寸线应以平行于该弦的直线表示，尺寸界线应垂直于该弦，起止符号用中粗斜短线表示（图 1-3-23）。

图 1-3-21　角度标注方法　　**图 1-3-22　弧长标注方法**　　**图 1-3-23　弦长标注方法**

3.5.5　薄板厚度、正方形、坡度、非圆曲线尺寸标注

（1）薄板厚度尺寸标注

在薄板板面标注板厚尺寸时，应在厚度数字前加厚度符号"t"（图 1-3-24）。

（2）正方形尺寸标注

标注正方形的尺寸，可用"边长×边长"的形式，也可在边长数字前加正方形符号"□"（图 1-3-25）。

图 1-3-24 薄板厚度标注方法

图 1-3-25 标注正方形尺寸

（3）坡度标注方法

标注坡度时，应加注坡度符号"——"或"——"（图 1-3-26A、B），箭头应指向下坡方向（图 1-3-26C、D）。坡度也可用直角三角形的形式标注（图 1-3-26E、F）。

外形为非圆曲线的构件，可用坐标形式标注尺寸（图 1-3-27）。

复杂的图形可用网格形式标注尺寸（图 1-3-28）。

图 1-3-26 坡度标注方法

图 1-3-27 坐标法标注非圆曲线

图 1-3-28 网格法标注曲线尺寸

3.5.6 尺寸简化标注

（1）单线图尺寸标注

杆件或管线的长度，在单线图（桁架简图、钢筋简图、管线简图）上，可直接将尺寸数字沿杆件或管线的一侧注写（图1-3-29）。

图1-3-29 单线图尺寸的标注

（2）连续等长尺寸标注

连续排列的等长尺寸，可用"等长尺寸×个数＝总长"（图1-3-30A）或"总长（等分个数）"的形式标注（图1-3-30B）。

图1-3-30 连续等长尺寸的标注

（3）相同要素尺寸标注

构配件内的构造要素（如孔、槽等）如相同，可仅标注其中一个要素的尺寸（图1-3-31）。

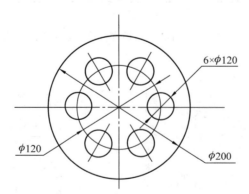

图1-3-31 相同要素的尺寸标注

(4)对称构配件尺寸标注

对称构配件采用对称省略画法时,该对称构配件的尺寸线应略超过对称符号,仅在尺寸线的一端画尺寸起止符号,尺寸数字应按整体全尺寸注写,其注写位置宜与对称符号对齐(图 1-3-32)。

两个构配件如个别尺寸数字不同,可在同一图样中将其中一个构配件的不同尺寸数字注写在括号内,该构配件的名称也应注写在相应的括号内(图 1-3-33)。

图 1-3-32 对称构配件尺寸标注方法

图 1-3-33 相似构件尺寸标注方法

数个构配件如仅某些尺寸不同,这些有变化的尺寸数字,可用拉丁字母注写在同一图样中,另列表格写明其具体尺寸(图 1-3-34)。

构件编号	a	b	c
Z-1	200	200	200
Z-2	250	450	200
Z-3	200	450	250

图 1-3-34 相似构配件尺寸表格式标注方法

3.5.7 标高

标高符号应以等腰直角三角形表示,并应按图 1-3-35A 所示形式用细实线绘制,如标注位置不够,也可按图 1-3-35B 所示形式绘制。标高符号的具体画法可按图 1-3-35C、D 所示。

图 1-3-35 标高符号

(l:取适当长度注写标高数字 h:根据需要取适当高度)

总平面图室外地坪标高符号宜用涂黑的三角形表示,具体画法可按图 1-3-36 所示。

标高符号的尖端应指至被注高度的位置。尖端宜向下,也可向上。标高数字应注写在标高符号的上侧或下侧(图 1-3-37)。

标高数字应以米为单位,注写到小数点以后第三位。在总平面图中,可注写到小数点以后第二位。

零点标高应注写成±0.000,正数标高不注"+",负数标高应注"-",例如 3.000、-0.600。

在图样的同一位置需表示几个不同标高时,标高数字可按图 1-3-38 的形式注写。

| 图 1-3-36 总平面图室外地坪标高符号 | 图 1-3-37 标高的指向 | 图 1-3-38 同一位置注写多个标高数字 |

3.5.8 其他标注

(1)园林规划制图

图纸中的定位标注应包括平面要素定位和竖向要素定位。定位要求应符合现行行业标准《城市规划制图标准》(CJJ/T 97—2003)中的有关规定。风景名胜区规划图还应提供规划区范围的经纬度定位坐标。

图纸中距离、长度、宽度的标注可按现行国家标准《房屋建筑制图统一标准》执行,标注单位应为米或千米。

(2)园林设计制图

园林初步设计和施工图设计图纸的标注应符合表 1-3-14 的规定。标注大小和其余标注方法应符合现行国家标准《房屋建筑制图统一标准》中的相关规定。

表 1-3-14 初步设计和施工图设计图纸的标注

序号	名称	标注	说明
1	设计等高线	---6.00--- ---5.00--- ---4.00---	等高线上的标注应顺着等高线的方向,字的方向指向上坡方向。标高以米为单位,精确到小数点后第二位
2	设计高程（详图）	5.000 5.490 ▽ ▼ 或 0.000 ▽（常水位）	标高以米为单位,注写到小数点后第三位;总图中标写到小数点后第二位;符号的画法见现行国家标准《房屋建筑制图统一标准》
3	设计高程（总图）	⊕6.30 （设计高程点） ○6.30 （现状高程点）	标高以米为单位,在总图及绿地中注写到小数点后第二位;设计高程点位为圆加十字,现状高程为圆

(续)

序号	名称	标注	说明
4	排水方向	→	指向下坡
5	坡度	$i=6.5\%$ 40.00	两点坡度 两点距离
6	挡墙	▽ 5.000 (4.630)	挡墙顶标高 (墙底标高)

3.6 常用制图符号及定位轴线

3.6.1 常用制图符号

3.6.1.1 索引符号与详图符号

①图样中的某一局部或构件，如需另见详图，应以索引符号索引（图 1-3-39A）。索引符号应由直径为 8~10mm 的圆和水平直径组成，圆及水平直径线宽宜为 $0.25b$。索引符号编写应符合下列规定：

● 当索引出的详图与被索引的详图同在一张图纸内时，应在索引符号的上半圆中用阿拉伯数字注明该详图的编号，并在下半圆中间画一段水平细实线（图 1-3-39B）。

● 当索引出的详图与被索引的详图不在同一张图纸中时，应在索引符号的上半圆中用阿拉伯数字注明该详图的编号，在索引符号的下半圆用阿拉伯数字注明该详图所在图纸的编号（图 1-3-39C）。数字较多时，可加文字标注。

● 当索引出的详图采用标准图时，应在索引符号水平直径的延长线上加注该标准图集的编号（图 1-3-39D）。需要标注比例时，应在文字的索引符号右侧或延长线下方，与符号下对齐。

图 1-3-39 索引符号

②当索引符号用于索引剖视详图时，应在被剖切的部位绘制剖切位置线，并以引出线引出索引符号，引出线所在的一侧应为剖视方向。索引符号的编号应符合①的规定（图 1-3-40）。

图 1-3-40 用于索引剖视详图的索引符号

③零件、钢筋、杆件及消火栓、配电箱、管井等设备的编号宜以直径为 4~6mm 的圆表示，圆线宽为 $0.25b$，同一图样应保持一致，其编号应用阿拉伯数字按顺序编写(图 1-3-41)。

④详图的位置和编号应以详图符号表示。详图符号的圆直径应为 14mm，线宽为 b。详图编号应符合下列规定：

- 当详图与被索引的图样同在一张图纸内时，应在详图符号内用阿拉伯数字注明详图的编号(图 1-3-42A)；
- 当详图与被索引的图样不在同一张图纸内时，应用细实线在详图符号内画一水平直径，在上半圆中注明详图编号，在下半圆中注明被索引的图纸的编号(图 1-3-42B)。

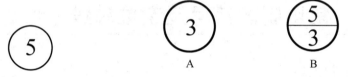

图 1-3-41　零件、钢筋等的编号　　　　图 1-3-42　详图符号

3.6.1.2　引出线

当图样中的内容需要用文字或图样加以说明时，要用引出线引出。

①引出线线宽应为 $0.25b$，宜采用水平方向的直线，或与水平方向成 30°、45°、60°、90° 的直线，并经上述角度再折成水平线。文字说明宜注写在水平线的上方(图 1-3-43A)，也可注写在水平线的端部(图 1-3-43B)。索引详图的引出线，应与水平直径线相连接(图 1-3-43C)。

图 1-3-43　引出线

②同时引出的几个相同部分的引出线，宜互相平行(图 1-3-44A)，也可画成集中于一点的放射线(图 1-3-44B)。

图 1-3-44　共用引出线

③多层构造或多层管道共用引出线，应通过被引出的各层，并用圆点示意对应各层次。文字说明宜注写在水平线的上方，或注写在水平线的端部，说明的顺序应由上至下，并应与被说明的层次对应一致；如层次为横向排序，则由上至下的说明顺序应与由左至右的层次对应一致(图 1-3-45)。

图 1-3-45　多层引出线

3.6.1.3　其他符号

（1）对称符号

对称符号应由对称线和两端的两对平行线组成。对称线应用单点画线绘制，线宽宜为 $0.25b$；平行线应用实线绘制，其长度宜为 6~10mm，每对的间距宜为 2~3mm，线宽宜为 $0.5b$；对称线应垂直平分于两对平行线，两端超出平行线宜为 2~3mm（图 1-3-46）。

（2）连接符号

连接符号应以折断线表示需连接的部分。两部位相距过远时，折断线两端靠图样一侧应标注大写英文字母表示连接编号。两个被连接的图样应用相同的字母编号（图 1-3-47）。

（3）指北针

指北针的形状宜符合图 1-3-48 的规定，其圆的直径宜为 24mm，用细实线绘制；指针尾部的宽度宜为 3mm，指针头部应注"北"或"N"字。需用较大直径绘制指北针时，指针尾部的宽度宜为直径的 1/8。

指北针与风玫瑰图结合时宜采用互相垂直的线段，线段两端应超出风玫瑰轮廓线 2~3mm，垂点宜为风玫瑰中心，北向应注"北"或"N"字，组成风玫瑰所有线宽均宜为 $0.5b$。

图 1-3-46　对称符号　　图 1-3-47　连接符号　　图 1-3-48　指北针、风玫瑰图

3.6.2　定位轴线

定位轴线应用 $0.25b$ 线宽的单点画线绘制。

定位轴线应编号,编号应注写在轴线端部的圆内。圆应用 $0.25b$ 线宽的实线绘制,直径宜为 $8\sim10\mathrm{mm}$。定位轴线圆的圆心应在定位轴线的延长线上或延长线的折线上。

除较复杂需采用分区编号或圆形、折线形外,平面图上定位轴线的编号,宜标注在图样的下方及左侧,或在图样的四面标注。横向编号应用阿拉伯数字,从左至右顺序编写;竖向编号应用大写英文字母,从下至上顺序编写(图1-3-49)。

图1-3-49　定位轴线的编号顺序

英文字母作为轴线号时,应全部采用大写字母,不应用同一个字母的大小写来区分轴线号。英文字母的 I、O、Z 不得用作轴线编号。当字母数量不够使用时,可增用双字母或单字母加数字注脚。

组合较复杂的平面图中定位轴线可采用分区编号(图1-3-50),编号的注写形式应为"分区号-该分区定位轴线编号",分区号宜采用阿拉伯数字或大写英文字母表示;多子项的平面图中定位轴线可采用子项编号,编号的注写形式为"子项号-该子项定位轴线编号",子项号采用阿拉伯数字或大写英文字母表示,如"1-1""1-A"或"A-1""A-2"。当采用分区编号或子项编号,同一根轴线有不止1个编号时,相应编号应同时注明。

图1-3-50　定位轴线的分区编号

附加定位轴线的编号应以分数形式表示，并应符合下列规定：
- 两根轴线的附加轴线，应以分母表示前一轴线的编号，分子表示附加轴线的编号，编号宜用阿拉伯数字顺序编写；
- 1号轴线或A号轴线之前的附加轴线的分母应以01或0A表示。

一个详图适用于几根轴线时，应同时注明各有关轴线的编号（图1-3-51）。

图1-3-51　详图的轴线编号

A. 用于2根轴线时　B. 用于3根或3根以上轴线时　C. 用于3根以上连续编号的轴线时

通用详图中的定位轴线，应只画圆，不注写轴线编号。

圆形与弧形平面图中的定位轴线，其径向轴线应以角度进行定位，其编号宜用阿拉伯数字表示，从左下角或-90°（若径向轴线很密，角度间隔很小）开始，按逆时针顺序编写；其环向轴线宜用大写英文字母表示，从外向内顺序编写（图1-3-52）。圆形与弧形平面图的圆心宜选用大写英文字母编号（I、O、Z除外），有不止1个圆心时，可在字母后加注阿拉伯数字进行区分，如P1、P2、P3。

折线形平面图中定位轴线的编号可按图1-3-53的形式编写。

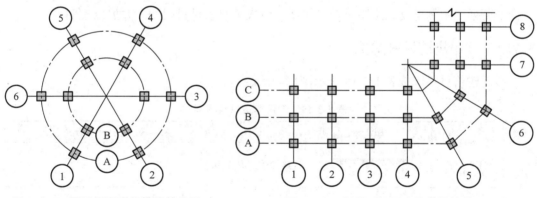

图1-3-52　圆形平面定位轴线的编号　　　图1-3-53　折线形平面定位轴线的编号

3.7 建筑材料图例

3.7.1 一般规定

①《房屋建筑制图统一标准》只规定常用建筑材料的图例画法，对其尺度比例不做具体规定。使用时，应根据图样大小而定，并应符合下列规定：
- 图例线应间隔均匀、疏密适度，做到图例正确、表示清楚；

- 不同品种的同类材料使用同一图例时，应在图上附加必要的说明；
- 两个相同的图例相接时，图例线宜错开或使倾斜方向相反(图 1-3-54)。
- 两个相邻的填黑或灰的图例间应留有空隙，其净宽度不得小于 0.5mm(图 1-3-55)。

图 1-3-54　相同图例相接时的画法

图 1-3-55　相邻涂黑图例的画法

图 1-3-56　局部表示图例

②下列情况可不绘制图例，但应增加文字说明：
- 一张图纸内的图样只采用一种图例时；
- 图形较小无法绘制表达建筑材料图例时。

③需画出的建筑材料图例面积过大时，可在断面轮廓线内，沿轮廓线做局部表示（图 1-3-56）。

④当选用《房屋建筑制图统一标准》中未包括的建筑材料时，可自编图例。但不得与本标准所列的图例重复。绘制时，应在适当位置画出该材料图例，并加以说明。

3.7.2　常用建筑材料图例

常用建筑材料应按表 1-3-15 所示图例画法绘制。

表 1-3-15　常用建筑材料图例

序号	名称	图例	备注
1	自然土壤		包括各种自然土壤
2	夯实土壤		—
3	砂、灰土		—
4	沙砾石、碎砖三合土		—
5	石材		—
6	毛石		—

(续)

序号	名称	图例	备注
7	实心砖、多孔砖		包括普通砖、多孔砖、混凝土砖等砌体
8	耐火砖		包括耐酸砖等砌体
9	空心砖、空心砌块		包括空心砖、普通或轻骨料混凝土小型空心砌块等砌体
10	加气混凝土		包括加气混凝土砌块砌体、加气混凝土墙板及加气混凝土材料制品等
11	饰面砖		包括铺地砖、玻璃马赛克、陶瓷锦砖、人造大理石等
12	焦渣、矿渣		包括与水泥、石灰等混合而成的材料
13	混凝土		1) 包括各种强度等级、骨料、添加剂的混凝土； 2) 在剖面图上绘制表达钢筋时，则不需绘制图例线； 3) 断面图形较小，不易绘制表达图例线时，可填黑或深灰（灰度宜70%）
14	钢筋混凝土		
15	多孔材料		包括水泥珍珠岩、沥青珍珠岩、泡沫混凝土、软木、蛭石制品等
16	纤维材料		包括矿棉、岩棉、玻璃棉、麻丝、木丝板、纤维板等
17	泡沫塑料材料		包括聚苯乙烯、聚乙烯、聚氨酯等多聚合物类材料
18	木材		1) 上图为横断面，左上图为垫木、木砖或木龙骨； 2) 下图为纵断面
19	胶合板		应注明为×层胶合板
20	石膏板		包括圆孔或方孔石膏板、防水石膏板、硅钙板、防火石膏板等
21	金属		1) 包括各种金属； 2) 图形较小时，可填黑或深灰（灰度宜70%）
22	网状材料		1) 包括金属、塑料网状材料； 2) 应注明具体材料名称
23	液体		应注明具体液体名称

（续）

序号	名　称	图　例	备　注
24	玻璃		包括平板玻璃、磨砂玻璃、夹丝玻璃、钢化玻璃、中空玻璃、夹层玻璃、镀膜玻璃等
25	橡胶		—
26	塑料		包括各种软、硬塑料及有机玻璃等
27	防水材料		构造层次多或绘制比例大时，采用上面的图例
28	粉刷		本图例采用较稀的点

注：1. 本表中所列图例通常在 1∶50 及以上比例的详图中绘制表达。

2. 如需表达砖、砌块等砌体墙的承重情况，可通过在原有建筑材料图例上增加填灰等方式进行区分。灰度宜为 25% 左右。

3. 序号 1、2、5、7、8、14、15、21 图例中的斜线、短斜线、交叉线等均为 45°。

巩固训练

学生在课堂上以自己的名字初步练习工程字和绘制图框等，并抽出部分学生在黑板上表演练习。课外进行线条等级抄绘和尺寸标注练习；注意尺寸标注是难点，要细心、要经常训练。

自测题

1. 不同类型的线条及其粗细等级的一般用途分别是什么？
2. 仿宋字、黑体字以及字母与数字的书写要领有什么区别？
3. 建筑平面的轴线编号是如何编写的？

知识拓展

单元 4 投影作图

学习目标

【知识目标】
(1) 理解投影的概念，掌握工程上常用的投影图类型。
(2) 掌握正投影的概念、投影规律。
(3) 掌握三视图的绘制方法、步骤和尺寸标注。
(4) 掌握剖面图和断面图的画法及应用条件。
(5) 掌握标高投影的概念和等高线的特点。

【技能目标】
(1) 能正确绘制工程体的平、立、剖面图并进行尺寸标注。
(2) 能依据投影图判断和想象空间形体的形状和大小。
(3) 能绘制地形剖面线。
(4) 能绘制建筑物与地面的交线。

在日常生活中，人们对"形影不离"这个自然现象习以为常，即物体在阳光照射下，会在附近的墙面、地面等处留下它的影子，这就是自然界的落影现象。人们从这一现象中认识到光线、物体和影子之间的关系，并归纳出了平面上表达物体形状、大小的投影原理和作图方法。

4.1 正投影

4.1.1 投影概念及分类

4.1.1.1 投影概念

自然界所见的物体影子与工程图样所反映的投影是有区别的，前者只能反映物体的外轮廓，后者反映的物体不仅外轮廓清晰，同时还反映出其内部轮廓，这样才能清楚地表达物体的形状和大小(图1-4-1)。因此，要完成工程图样所要求的投影，应有3个假设条件：一是假设光线能穿透物体；二是光线在穿透物体的同时，能反映其内、外轮廓线；三是对形成投影的光线的投影方向做相应选择，以便得到所需要的投影。

在投影理论中，把发出光线的光源称为投影中心；光线称为投影线；落影的平面称

图 1-4-1 影子与投影

A. 影子　B. 投影

图 1-4-2 投影图的形成

为投影面；组成影子的能反映物体形状的内、外轮廓线称为投影。用投影表示物体的形状和大小的方法称为投影法；用投影法画出的物体的图形称为投影图。综上所述，投影图的形成过程如图 1-4-2 所示。

4.1.1.2 投影的分类

（1）中心投影

由一点发出投影线投射物体所形成的投影，称为中心投影，如图 1-4-3A 所示。中心投影的特性是：投影线相交于一点 S，投影的大小与物体离投影面的距离有关。在投影中心点 S 与投影面距离不变的情况下，物体离点 S 越近，投影越大，反之越小。

（2）平行投影

由相互平行的投影线投射物体所形成的投影，称为平行投影。平行投影图形的大小与物体离投影面的距离无关。根据投影线和投影面的夹角不同，平行投影又分为正投影和斜投影两种，如图 1-4-3B、C 所示。平行投影线垂直于投影面时所得的投影，称为正投影；平行投影线倾斜于投影面时所得的投影，称为斜投影。

图 1-4-3 投影的分类
A. 中心投影 B. 斜投影 C. 正投影

4.1.2 正投影的形成及特点

4.1.2.1 正投影的基本特性

（1）正投影的形成

正投影的形成条件是：投影线互相平行且垂直于投影面。正投影条件下，物体的某个表面平行于投影面，该面的正投影可反映其实际形状，标上尺寸就可知其大小。所以，一般工程图样都选用正投影原理绘制。用正投影法绘制的图样称为正投影图。在正投影图中，习惯上将可见的内、外轮廓线画成粗实线；不可见的孔、洞、槽等轮廓线画成细虚线（图1-4-4）。

图 1-4-4 正投影图及其表达

（2）直线和平面的正投影特性

①积聚性 当空间的直线和平面垂直于投影面时，直线的投影变为一个点，平面的投影变为一条直线，如图1-4-5A所示。这种具有收缩、积聚性质的正投影特性称为积聚性。

②显实性（实形性） 当直线和平面平行于投影面时，它们的投影分别反映实长和实形，如图1-4-5B所示。在正投影中具有反映实长或实形的投影特性称为显实性。

③类似性（缩变性） 当直线与平面均倾斜于投影面时，如图1-4-5C所示，直线的投影比实长短；平面的投影比原来的实际图形面积小，但仍反映其原来图形的类似形状，在正投影中，这种特性称为类似性。

4.1.2.2 三面正投影图及其特性

（1）三面正投影体系

在建筑装饰制图实践中，表达空间变换、形状各异的形体可以采用多种投影表示方法。正投影法由于具有图示方法简便、能真实反映物体的形状和大小、容易度量等特点，因此成为建筑工程领域中主要采用的图样形式。

图 1-4-5　正投影的基本特性
A. 积聚性　B. 显实性　C. 类似性

从正投影的概念可以知道，当确定投影方向和投影面后，一个物体便能在此投影面上获得唯一的投影图，但这个正投影图并不能反映该物体的全貌。从图 1-4-6 中可以看到，空中 4 个不同形状的物体，它们在同一个投影面上的正投影都是相同的。所以，物体的一个正投影图是不能全面反映空间物体的形状的，通常必须建立一个三面投影体系，才能准确、完整地描述一个物体的形状。为此，我们设立 3 个相互垂直的平面作为投影面，如图 1-4-7 所示，即水平面（H）、正立面（V）和侧立面（W）。这 3 个投影面互相垂直相交，形成 OX、OY、OZ 这 3 条交线，称为投影轴，3 条轴线的交汇点"O"称为投影原点。这样 3 个投影面围合而成的空间投影体系，称为三面正投影体系。

图 1-4-6　物体的一个投影不能确定其空间形状

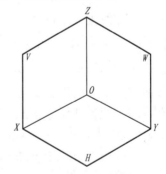

图 1-4-7　三面正投影体系的建立

（2）三面正投影图

① 三面正投影图的形成　在建立的三面正投影体系中放入一个物体，根据正投影的概念，只有当平面平行于投影面时，它的投影才反映实形，所以我们将物体的底面平行于 H 面，正面平行于 V 面。采用 3 组不同方向的平行投影线向 3 个投影面垂直投影，在 3 个投影面上分别得到该物体的正投影图，称为三面正投影图，如图 1-4-8 所示。

由于这 3 个投影图与我们观察的视线方向一致，因此在制图中常简称为三视图。H 面上的投影图，称为水平投影图或俯视图；V 面上的投影图，称为正面投影图或正视图；

W 面上的投影图,称为侧面投影图或侧视图。

② 三面投影图的展开 在工程制图中,需要将空间形体反映在二维平面上,即图纸上。所以必须将 3 个垂直投影面上的投影图画在一个平面上,这就是三面投影图的展开。展开时,必须遵循一个原则:V 面始终保持不动,首先将 H 面绕 OX 轴向下旋转 90°,然后将 W 面绕 OZ 轴向右旋转 90°,最终使 3 个投影图位于一个平面图上,如图 1-4-9 所示。此时,OY 轴线分解成 OY_W、OY_H 两根轴线,它们分别与 OX 轴和 OZ 轴处于同一直线上。

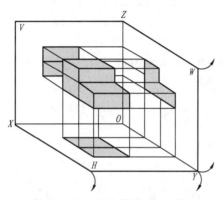

图 1-4-8 三面正投影图的形成　　　图 1-4-9 三面正投影图的展开

三面投影体系的位置是固定的,投影面的大小与投影图无关。在实际作图中,只需画出物体的三面投影图,不必画出 3 个投影面的边框线,也不用文字注明投影面、轴线与原点。工程制图中的图样一般按无轴投影图来画。

③ 三面投影图的规律 在图 1-4-9 展开的三面正投影图中可以看出,一个空间形体具有正面、侧面和顶面 3 个方向的形状,具有长度、宽度和高度 3 个方向的尺寸。

在三面投影体系中,平行于 OX 轴的形体,两端点之间的距离称为长度;平行于 OY 轴的形体,两端点之间的距离称为宽度;平行于 OZ 轴的形体,两端点之间的距离称为高度。

形体的一个正投影图能反映形体两个方向的尺寸。水平投影图反映形体的顶面形状和长、宽两个方向的尺度;正面投影图反映形体的前面形状和长、高两个方向的尺度;侧面投影图反映形体的侧面形状和高、宽两个方向的尺度。因此,根据三面投影图可以得出形体在空间的形状与大小。

分析图 1-4-9 可以发现,三面投影图两两之间都存在着一定的联系:正面投影和侧面投影具有相同的高度;水平投影和正面投影具有相同的长度;侧面投影和水平投影具有相同的宽度。因此在作图中,必须使 V、H 面投影位置左右对正,即遵循"长对正"的规律;使 V、W 面投影上下平齐,即遵循"高平齐"的规律;使 H、W 面投影宽度相等,即遵循"宽相等"的规律。"三等关系"是三面投影图的基本规律。

此外,分析图 1-4-10 可以看到,三面投影图还能反映空间形体在三面投影体系中上、下、左、右及前、后 6 个方位的位置关系,每个投影图可以分别反映形体相应的 4 个方位。水平投影图反映形体前、后、左、右 4 个方位;正面投影图反映形体上、下、左、右 4 个方位;侧面投影图反映形体前、后、上、下 4 个方位。因此,可以根据投影

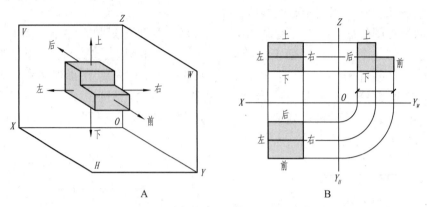

图 1-4-10 形体在三面投影体系中的方位
A. 立体图 　B. 投影图

图所反映的方位对应关系，判断形体上任意点、线、面的空间位置关系。

4.1.3 正投影作图方法

4.1.3.1 空间点的正投影

点的投影规律是重中之重，一条直线的投影可以看成是两个端点的投影连线，一条曲线的投影可以看成是若干连续点的投影；一个面的投影可以看成是组成面的点和线的投影；一个物体的投影可以看成是组成物体的点、线、面的投影。因此，点的正投影规律和方法是求解任何复杂形体正投影的基础。

（1）点的投影的形成

过空间一点 A 向投影面 H 作垂直投射线，投射线与投影面相交于点 a，则点 a 就是空间点 A 在 H 投影面上的投影（图1-4-11）。一般情况下，为区别空间点及其投影，规定：空间点用大写字母表示，如 A、B、C…点的投影用对应的小写字母表示，如 a、b、c…

（2）点的两面投影

如图 1-4-12 所示，在 Aa 投射线上假设有两点 A_1、A_2，则 A_1、A_2 的投影 a_1、a_2 与点 A 的投影 a 重合为一点。可见，空间点在一个投影面上的投影，不能唯一确定该点在空间的位置。为此，需要另设一个正投影面 V，使 V 面与 H 面互相垂直，组成点的两面投影体系，V 面与 H 面的交线为投影轴 OX。

图 1-4-11　点的投影的形成

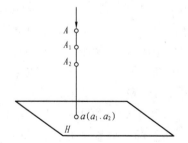

图 1-4-12　点的单面投影的多样性

如图 1-4-13A 所示，在两面投影体系中，过点 A 分别向 H 面及 V 面作垂直投射线，与 H 面及 V 面分别相交于点 a 及 a'。在投影法中，V 面的投影用相应小写字母右上角加一撇表示，a' 即为点 A 在 V 面上的投影，称为点 A 的正面投影；a 为点 A 在 H 面的投影，称为点 A 的水平投影。

过点 A 的两条投射线 Aa 和 Aa' 确定了一个平面 Q。因为 Q 面既垂直于 H 面，又垂直于 V 面，且知 H 面和 V 面是互相垂直的，所以它与 H 面和 V 面的交线 aa_x 和 $a'a_x$ 也就互相垂直，并且 aa_x 和 $a'a_x$ 还同时垂直于 OX 轴，并相交于点 a_x。这就证明四边形 Aaa_xa' 是一个矩形。由此得知：$a'a_x = Aa$，$aa_x = Aa'$。又因为线段 Aa 表示点 A 到 H 面的距离，而线段 Aa' 表示点 A 到 V 面的距离，由此可知：线段 $a'a_x$ 等于点 A 到 H 面的距离；线段 aa_x 等于点 A 到 V 面的距离。

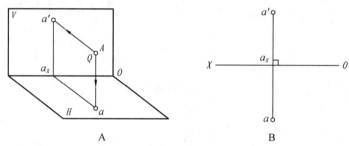

图 1-4-13 点的两面投影
A. 直观图　B. 投影图

由此可得出结论一：点到某一投影面的距离等于该点在另一投影面上的投影到相应投影轴的距离。

由上面分析可知，$aa_x \perp OX$，$a'a_x \perp OX$。当 H 面绕 OX 轴旋转 $90°$ 与 V 面成为一个平面时，点的水平投影 a 与正面投影 a' 的连线就成为一条垂直于 OX 轴的直线，即 $aa' \perp OX$，如图 1-4-13B 所示。

由此可得出结论二：点的两面投影之间的连线，一定垂直于两投影面的交线，即垂直于相应的投影轴。

(3) 点的三面投影

如图 1-4-14 所示，投影面 W 面与 V 面和 H 面均垂直相交，形成三面投影体系。为作出点 A 在 W 面上的投影，从点 A 向 W 面作垂直投影线，所得垂足即为点 A 的侧面投影或称 W 面投影，用字母 a'' 表示。把 3 个投影面展开在一个平面上时，仍使 V 面保持不动，H 面绕 OX 轴向下旋转 $90°$，W 面绕 OZ 轴向后旋转 $90°$，得到点的三面投影图。按前述点的两面投影特性，同理可分析出点在三面投影体系中的投影规律：

①点 A 的 V 面投影 a' 和点 A 的 H 面投影 a 的连线垂直于 OX 轴，即 $aa' \perp OX$。

②点 A 的 V 面投影 a' 和点 A 的 W 面投影 a'' 的连线垂直于 OZ 轴，即 $a'a'' \perp OZ$。

③点 A 的 H 面投影到 OX 轴的距离等于该点的 W 面投影到 OZ 轴的距离，即 $aa_x = a''a_z$，它们都反映该点到 V 面的距离。

根据以上点的投影特性，点的每两个投影之间都存在一定的联系。因此，只要给出一点的任意两个投影，便可以求出其第三投影。

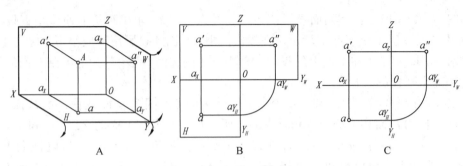

图 1-4-14 点的三面投影图
A. 直观图　B. 展开图　C. 投影图

[例 1-4-1] 在图 1-4-15A 中，已知一点 A 的水平投影 a 和正面投影 a'，求其侧面投影 a''。

作图：

① 过 a' 引 OZ 轴的垂线 $a'a_z$。

② 在 $a'a_z$ 的延长线上截取 $a''a_z = aa_x$，则 a'' 即为所求，如图 1-4-15B 所示。按图 1-4-15C 做法也可求出。

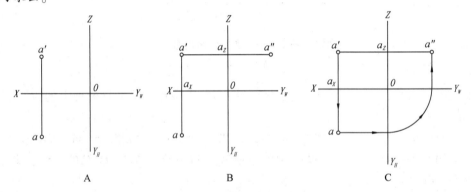

图 1-4-15　求点的第三面投影

按照点的三面投影特性，我们同样可以根据已知点的正面投影和侧面投影作水平投影，或已知点的侧面投影和水平投影作正面投影。

(4) 点的投影与直角坐标的关系

若把图 1-4-16A 所示的 3 个投影面看成坐标面，那么各投影轴就相当于坐标轴，其中 OX 轴相当于横坐标轴 X，OY 轴相当于纵坐标轴 Y，OZ 轴相当于竖坐标轴 Z。三轴的交点 O 就是坐标原点。这样空间点到 3 个投影面的距离就等于它的 3 个坐标，即：

点 A 到 W 面的距离 $Aa'' = Oa_x =$ 点 A 的 X 坐标；

点 A 到 V 面的距离 $Aa' = Oa_y =$ 点 A 的 Y 坐标；

点 A 到 H 面的距离 $Aa = Oa_z =$ 点 A 的 Z 坐标。

因此，空间点的位置可以用它到 3 个投影面的距离来确定，也可以用它的坐标来确定。

当 3 个投影面展开在一个平面上时，如图 1-4-16B 所示，我们可以清楚地看出：由点 A 的 X、Y 两个坐标可以决定点 A 的水平投影 a；由点 A 的 X、Z 两个坐标可以决定点

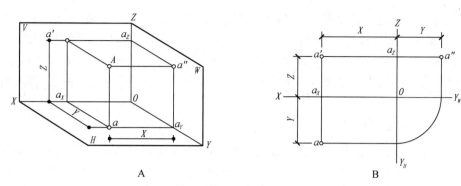

图 1-4-16 点的投影与直角坐标的关系
A. 直观图 B. 投影图

A 的正面投影 a'；由点 A 的 Y、Z 两个坐标可以决定点 A 的侧面投影 a''。

这样就得出结论：已知一点的三面投影，就可以求出该点的 3 个坐标；反之，已知点的 3 个坐标，同样可以作出该点的三面投影。

[例 1-4-2] 已知点 A 的坐标(15，20，10)，试作出该点的三面投影图。

作图（图 1-4-17）：

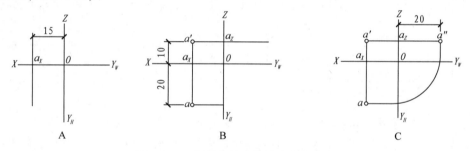

图 1-4-17 根据点的坐标作点的投影图

① 作投影轴，视投影轴为坐标轴。在 OX 轴上，从点 O 向左截取点 a_x，使 $Oa_x = 15$。

② 过点 a_x 引 OX 轴的垂线，在该垂线上自点 a_x 向下截取 $aa_x = 20$，向上截取 $a'a_x = 10$，得到水平投影 a 及正面投影 a'。

③ 过点 a' 引 OZ 轴的垂线，在所引垂线上截取 $a''a_z = 20$，求得侧面投影 a''。

当空间点位于一个投影面内时，它的 3 个坐标中必有一个为 0。在图 1-4-18 中，点

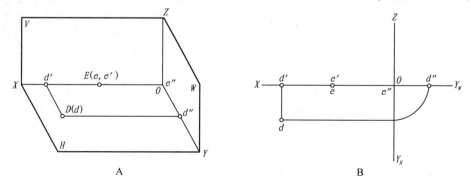

图 1-4-18 特殊位置点的投影

D 位于 H 面内,则点 D 的 Z 坐标值为 0。点 D 的水平投影 d 与点 D 本身重合;正面投影 d' 落在 OX 轴上;侧面投影 d'' 落在 OY 轴上。当三面投影图展开时,d'' 在 OY_W 轴上。

当空间点位于投影轴上,它的两个坐标等于零,即该点的两个投影与点本身重合,第三个投影与原点重合,如图 1-4-18 中的点 E。在投影面或投影轴上的点,称为特殊位置点。

(5)空间点的相对位置及重影点

两点的相对位置是指沿平行于投影轴 OX、OY、OZ 方向的左右、前后和上下的相对关系,是由两点相对于投影面 W、V、H 的距离差(坐标差)决定的。X 坐标差表示两点的左右位置,Y 坐标差表示两点的前后位置,Z 坐标差表示两点的上下位置。即 X 坐标大者在左,小者在右;Y 坐标值大者在前,小者在后;Z 坐标值大者在上,小者在下。在图 1-4-19 中,分析比较 A、B 两点的投影及坐标关系,可知点 A 位于点 B 的左后上方。

图 1-4-19 两个点的相对位置

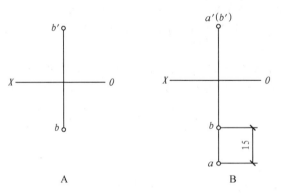

图 1-4-20 求点 A 的投影(已知点 A 对点 B 的相对位置)
A. 已知条件 B. 作图步骤

[例 1-4-3] 已知点 A 在点 B 的正前方 15mm 处,如图 1-4-20A 所示。求作点 A 的投影。

作图(图 1-4-20B):

① 由于点 A 在点 B 的正前方,说明点 A 的 X、Z 坐标都与点 B 的相同,所以 a' 重合于 b',b' 在 a' 之后,b' 不可见,所以记作"(b')"。

② 点 A 在点 B 的正前方 15mm,说明点 A 的 Y 坐标比点 B 的 Y 坐标大 15mm,即在 H 面上点 A 距 OX 轴比点 B 远 15mm。所以延长 bb',并在其延长线上截取 $ba=15$mm,得到点 A 的投影 a。

当两点某个方向坐标差等于零时,两点必位于同一投影线上,则它们在与该投射线相垂直的投影面上的投影必定重合。若两点(或多点)位于某一投影面的同一投影线上，则它们在该投影面上的投影必然重合，这些点称为该投影面的重影点(表1-4-1)。

表1-4-1 投影面的重影点

名称	H 面的重影点(上下重影)	V 面的重影点(前后重影)	W 面的重影点(左右重影)
立体图			
投影图			
投影特性	A、B两点的水平投影a、b重合，说明这两点的X、Y坐标相同，位于向H面的同一条投影线上。所以a、b为H面的重影点。A、B两点的相对高度，可从V面投影或W面投影看出，A在B的正上方。向H面投影时，A遮挡B，点A的H面投影可见，点B的H面投影不可见，重合的投影标记为a(b)	C、D两点的正面投影c'、d'重合，说明这两点的X、Z坐标相同，位于向V面的同一投影线上，所以c'、d'为V面的重影点。从H面或W面投影可以看出，点C在点D的前方。对V面投影而言，C遮挡D，点C可见，点D不可见，重合的投影标记为c'(d')	E、F两点的侧面投影e″、f″重合，说明这两点的Y、Z坐标相同，位于向W面的同一投影线上，所以e″、f″为W面的重影点。从H面或V面投影可以看出，点E在点F的左方。对W面投影而言，点E可见，点F为不可见，重合的投影标记为e″(f″)

从表1-4-1可知，当两点的某一投影重合时，就会产生判断重影的可见与不可见的问题。可见性是相对一个投影面而言的，我们可以由点的另外两个投影面的投影关系或点的坐标关系来确定其可见或不可见。坐标大者为可见，坐标小者为不可见。在作图中，不可见点的投影字母需加小括号区别。

4.1.3.2 空间直线的正投影

由几何学可知，直线的空间位置可以由直线上任意两点来确定。求作直线的投影，只要作出直线上两点的投影，两点的同面投影连线，就是直线在该投影面上的投影，如图1-4-21所示。

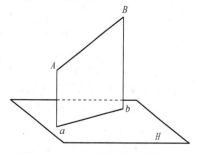

图1-4-21 直线投影的形成

（1）一般位置直线

①一般位置直线的投影特点　如图 1-4-22 所示，直线 AB 与 3 个投影面都倾斜，它与投影面 H、V、W 分别有一倾角，用 α、β、γ 表示，且 α、β、γ 均为锐角，这种直线称为一般位置直线，简称一般直线。

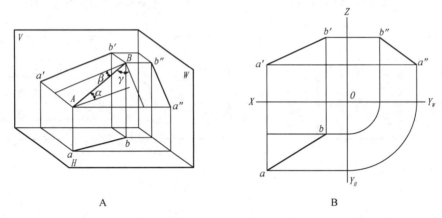

图 1-4-22　一般位置直线的投影

一般位置直线的投影特点如下：
- 一般位置直线在 3 个投影面上的投影均倾斜于投影轴；
- 一般位置直线的投影与 3 个投影轴的夹角，均不反映空间直线对投影面的倾角；
- 一般位置直线的投影长度均小于实长。

②一般位置直线的实长及其对投影面的倾角　由一般位置直线的投影特点可以得知，直线的投影不反映实长，投影与投影轴的夹角也不反映空间直线对投影面的倾角。在投影图中可运用直角三角形法求解一般直线的实长及倾角，如图 1-4-23 所示。

图 1-4-23　用直角三角形法求一般位置直线的实长及倾角
A. 直观图　B. 以水平投影作直角三角形　C. 以正面投影作直角三角形

在投影图上求线段实长的方法是：以线段在某个投影面上的投影为一直角边（如 ab），以线段两端点到该投影面的距离差为另一直角边（如 ΔZ），作一个直角三角形，这个直角三角形的斜边就是所求线段的实长（如 aB_1），此斜边与投影的夹角就等于线段对该投影面的倾角。

[例 1-4-4]　试用直角三角形法求图 1-4-24A 所示直线 CD 的实长及其对投影面 H 的倾角 α。

分析：要求直线 CD 对投影面 H 的倾角，必须以直线的水平投影 cd 为直角边，另一直角边则是正投影 $c'd'$ 两端点到 OX 轴的距离差 ΔZ。

作图步骤：详见图 1-4-24B 所示。

（2）投影面平行线

平行于一个投影面，但与另两个投影面都倾斜的直线称为投影面平行线。

投影面平行线有 3 种形式（表 1-4-2）：

水平线——平行于水平投影面 H 的直线；
正平线——平行于正立投影面 Y 的直线；
侧平线——平行于侧立投影面 W 的直线。

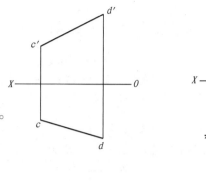

图 1-4-24 求解线段 CD 的实长及倾角
A. 已知条件 　B. 作图步骤

表 1-4-2 投影面的平行线

名称	水平线（AB//H）	正平线（AB//V）	侧平线（AB//W）
直线在形体上的位置			
立体图			
投影图			

（续）

名称	水平线（AB//H）	正平线（AB//V）	侧平线（AB//W）
投影特性	1. H 面投影反映实长 2. H 面投影与 OX 轴、OY_H 轴的夹角，分别反映直线 AB 与 V 面、W 面的倾角 β、γ 3. V 面投影及 W 面投影分别平行于 OX 轴和 OY_W 轴，但均不反映实长，且比实长短	1. V 面投影反映实长 2. V 面投影与 OX 轴、OZ 轴的夹角，分别反映直线 AB 与 H 面、W 面的倾角 α、γ 3. H 面投影及 W 面投影分别平行于 OX 轴和 OZ 轴，但均不反映实长，且比实长短	1. W 面投影反映实长 2. W 面投影与 OY_W 轴、OZ 轴的夹角，分别反映直线 AB 与 H 面、V 面的倾角 α、β 3. H 面投影及 V 面投影分别平行于 OY_H 轴和 OZ 轴，但均不反映实长，且比实长短

分析表 1-4-2，可以归纳出投影面平行线的投影特性：

● 投影面平行线在它所平行的投影面上的投影反映实长（有显实性），此投影与投影轴的夹角，反映直线与相应投影面的倾角。

● 投影面平行线的其他两个投影平行于相应的投影轴，但不反映实长。

（3）投影面垂直线

垂直于一个投影面，平行于另两个投影面的直线，称为投影面的垂直线。

投影面垂直线有 3 种形式（表 1-4-3）：

铅垂线——垂直于水平投影面 H 的直线；

正垂线——垂直于正立投影面 V 的直线；

侧垂线——垂直于侧立投影面 W 的直线。

分析表 1-4-3，可以归纳出投影面垂直线的投影特性：

● 投影面垂直线在它所垂直的投影面上的投影积聚成一点（有积聚性）。

● 投影面垂直线的其他两个投影分别垂直于相应的投影轴，并反映实长（有显实性）。

表 1-4-3 投影面的垂直线

名称	铅垂线（AB⊥H）	正垂线（AB⊥V）	侧垂线（AB⊥W）
直线在形体上的位置			
立体图			

(续)

名称	铅垂线($AB \perp H$)	正垂线($AB \perp V$)	侧垂线($AB \perp W$)
投影图			
投影特性	1. H 面投影积聚成一点 2. V 面投影与 W 面投影分别垂直于 OX 轴和 OY_W 轴,且均反映实长	1. V 面投影积聚成一点 2. H 面投影与 W 面投影分别垂直于 OX 轴和 OZ 轴,且均反映实长	1. W 面投影积聚成一点 2. V 面投影与 H 面投影分别垂直于 OZ 轴和 OY_H 轴,且反映实长

4.1.3.3 空间平面的正投影

由几何学可知,平面可由以下几何元素来确定:

①不在同一直线上的 3 个点(图 1-4-25A);

②一条直线和线外一点(图 1-4-25B);

③两相交直线(图 1-4-25C);

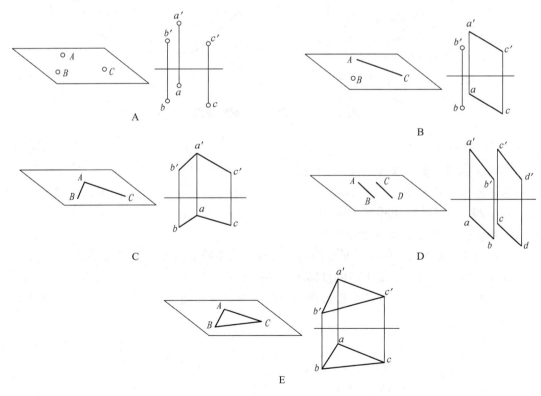

图 1-4-25 平面表示法——几何元素表示法

④两平行直线(图1-4-25D);

⑤任一平面图形(图1-4-25E)。

以上5种平面的表示方法,称为几何元素表示法。这几种方法所表示的平面位置是唯一的,而且可以相互转换,后4个方法可由第一种基本方法转化而来。

空间平面根据其在三面投影体系中的位置可以划分为3种情况:

一般位置平面——与3个投影面都倾斜的平面。

投影面平行面——只平行于一个投影面,而与另外两个投影面垂直的平面。

投影面垂直面——只垂直于一个投影面,而与另外两个投影面倾斜的平面。

(1)一般位置平面

一般位置平面在各投影面上的投影既不反映平面实形,也不具有积聚性,投影均为原图形的类似形,且各投影的图形面积均小于实形,也不反映平面对投影面的倾角的实形,如图1-4-26所示。

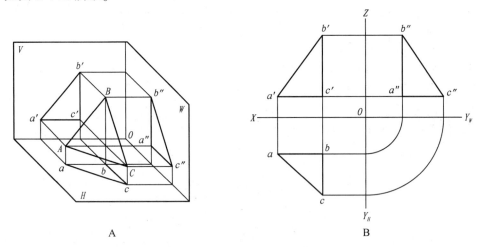

图1-4-26　一般位置平面的投影

(2)投影面的平行面

投影面的平行面有3种形式(表1-4-4):

水平面——平行于H面的平面;

正平面——平行于V面的平面;

侧平面——平行于W面的平面。

分析表1-4-4所示3种投影面平行面,可以归纳出投影面平行面的投影特性:

①投影面平行面在它所平行的投影面上的投影反映实形。

②投影面平行面在另外两个投影面上的投影积聚成直线,该直线分别平行于相应的投影轴。

(3)投影面的垂直面

投影面的垂直面有3种形式(表1-4-5):

铅垂面——垂直于H面,倾斜于V面和W面的平面;

正垂面——垂直于V面,倾斜于H面和W面的平面;

表 1-4-4 投影面的平行面

名称	水平面($P/\!/H$)	正平面($Q/\!/V$)	侧平面($R/\!/W$)
平面在形体上的位置			
立体图			
投影图			
投影特性	1. H 面投影反映实形 2. V 面投影与 W 面投影分别积聚成直线,且分别平行于 OX 轴和 OY_W 轴	1. V 面投影反映实形 2. H 面投影与 W 面投影分别积聚成直线,且分别平行于 OX 轴和 OZ 轴	1. W 面投影反映实形 2. V 面投影与 H 面投影分别积聚成直线,且分别平行于 OZ 轴和 OY_H 轴

侧垂面——垂直于 W 面,倾斜于 V 面和 H 面的平面。

分析表 1-4-5 所示 3 种投影面垂直面,可以归纳出投影面垂直面的投影特性:

①投影面垂直面在它所垂直的投影面上的投影积聚为直线,此直线与投影轴的夹角反映平面对另两个投影面倾角的实形;

②投影面垂直面在另外两个投影面上的投影为原平面图形的类似形,面积比实形小。

表 1-4-5　投影面的垂直面

名称	铅垂面($P\perp H$)	正垂面($Q\perp V$)	侧垂面($R\perp W$)
平面在形体上的位置			
立体图			
投影图			
投影特性	1. H 面投影积聚成一条斜线，并反映对 V、W 面的倾角 β 与 γ 2. V 面投影与 W 面投影均为面积缩小的类似形	1. V 面投影积聚成一斜线，并反映对 H、W 面的倾角 α 与 γ 2. H 面投影与 W 面投影均为面积缩小的类似形	1. W 面投影积聚成一斜线，并反映对 H、V 面的倾角 α 和 β 2. H 面投影与 V 面投影均为面积缩小的类似形

4.1.4　工程形体三视图

任何工程形体都可以看作是由简单基本形体组合而成的组合体，基本形体的形状和大小取决于构成它的表面，因此，它们的投影由其表面的投影表示。

4.1.4.1　基本形体投影

（1）基本形体分类

常见的基本形体根据形体表面的性质分为平面体和曲面体。

由若干平面所围成的立体称为平面体。常见的平面体有棱柱、棱锥、棱台等，它们都由封闭的平面图形围成。

由曲面或由曲面与平面围成的立体称为曲面体。常见的曲面体有圆柱、圆锥、球等，由于这些曲面是由直线或曲线作为母线绕定轴回转而成，所以又称回转体。

（2）基本形体投影绘制

绘制基本形体的投影可归结为绘制其各表面投影，或是绘制各棱线及各顶点的投影。

在工程制图中，通常把三面正投影图称为三视图。画图时，将形体放置于三面投影体系中，尽量多地将形体的表面平行或垂直于基本投影面，根据正投影的特性和投影规律就可以画出基本几何体的三视图。以长方体（如一块砖）的投影为例，长、宽、高的尺寸从物体上量取。如图 1-4-27 所示，作图步骤如下：

图 1-4-27　三视图的画图步骤

①先画出水平和垂直十字相交线，表示投影轴，如图 1-4-27A 所示。

②一般先从 V 面投影开始画，依据长和高画出正面视图，如图 1-4-27B 所示。

③根据"三等"关系，正立面投影图和水平面投影图作铅垂线——长对正，在 Y 轴方向上取宽度，画出水平面视图，如图 1-4-27C 所示。

④正立面投影图和侧立面投影图作水平线——高平齐。水平投影和侧面投影宽相等。作图时先从 O 点作一条向右下斜的 45°线，然后在水平投影图上向右引水平线，交到 45°线后再向上引铅垂直线，把水平投影图中的宽反映到侧立面投影中去，即可作出侧面视图，如图 1-4-27D 所示。

3 个投影图与投影轴的距离，反映物体与 3 个投影面的距离，制图时，只要求各投影图之间的对应关系正确，图形与轴线的距离可以灵活安排。

[例 1-4-5] 将三棱柱置于三面投影体系中，观察其投影形成，并作投影分析。

作图步骤：如图 1-4-28A 所示，把三棱柱平放，左右两端面平行于 W 面，前后两棱面垂直于 W 面，下边的棱面平行于 H 面，其投影如图 1-4-28B 所示。

分析：水平投影是两个矩形线框，它是前棱面和后棱面的投影，两个矩形的外围线框是下边棱面的投影（反映实形），但它被前后两个棱面所遮盖，左右两条竖直线是左右两个端面的积聚投影。

正面投影是一个矩形线框，它是前后两个棱面投影的重合，两条水平线的上一条是棱线的投影（反映实长），下一条是下边棱面的积聚投影，左右两条竖直线是左右两个端面的积聚投影。

侧面投影是一个三角形线框，它是左右两个端面投影的重合（反映实形），三角形的 3 条边是垂直于 W 面的 3 个棱面的积聚投影。

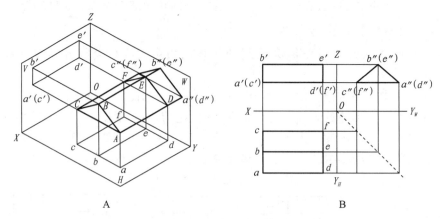

图 1-4-28　三棱柱的投影

[例 1-4-6] 曲面体的投影，以圆柱为例，观察其投影图形成，并作投影分析。

作图步骤：如图 1-4-29A 所示，将圆柱置于三面投影体系中，把圆柱的轴垂直于 H 面，投影如图 1-4-29B 所示。

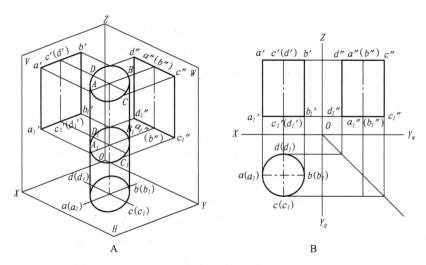

图 1-4-29　曲面体的投影

分析：水平投影是一个圆，它是上下底面投影的重合（反映实形），圆周就是圆柱面的投影，圆心是轴的积聚投影。

正面投影是一个矩形线框，它是圆柱看得见的前半个柱面和看不见的后半个柱面投影的重合，矩形线框的上下两边是上下两底面的积聚投影，左右两边分别为圆柱上最左和最右两条素线的投影，该素线称为正面投影的转向轮廓线。

侧面投影是一个矩形线框，它是圆柱看得见的左半个柱面和看不见的右半个柱面投影的重合，矩形线框的上下两边是上下两底面的积聚投影，前后两边分别为圆柱上最前和最后两条素线的投影，称为侧面投影的转向轮廓线。

(3) 基本形体表面上点和线的投影

求作形体表面上点和线的投影的基本原理是利用正投影的同一性作图，即点（或线）在某一平面上，那么该点（或线）的投影必位于该平面（或直线）的同面投影上。

①平面体表面上点和直线的投影　平面体表面上点和直线的投影具有平面上点和直线投影的所有特点，在求作平面体表面上点和直线的投影时，首先判断该点或直线所在平面的空间位置，如果所在平面为特殊位置平面，利用特殊位置平面的积聚性直接作图；如果所在平面为一般位置平面，利用辅助线作图。

[例 1-4-7] 如图 1-4-30A 所示，已知三棱柱侧表面上直线 MN 的 V 面投影 $m'n'$，求作另外两个投影。

分析：求作直线投影的方法是求出直线两个端点的投影，分别连接同面投影即可。直线 MN 位于铅垂面 $ABCD$ 上，铅垂面的水平投影积聚为一直线，利用积聚性可直接求出 MN 的水平投影 mn，即直线 MN 的 H 面投影 mn 重合于侧表面 $ABCD$ 的 H 面投影 $a(b)d(c)$ 上。

作图（图 1-4-30B）：

利用铅垂面的积聚性，求得直线的两端点 M 和 N 的 H 面投影 m 和 n；

利用点的投影规律，求出点 M 和 N 的 W 面投影 m'' 和 n''；

连接直线的同面投影，并判断其可见性：直线 MN 的 H 面投影 mn 重合于 ad，其 W 面投影 $m''n''$ 不可见，故 $m''n''$ 为虚线。

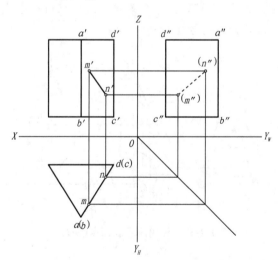

图 1-4-30　三棱柱表面直线的投影

[例 1-4-8] 已知三棱锥体的三面投影及其表面上的点 K 的正面投影 k' 和点 L 的水平投影 l，求出它们的另两个投影，如图 1-4-31A 所示。

分析：由图 1-4-31A 可以看出，点 K 和点 L 分别位于三棱锥的侧面 SAB 和侧面 SBC 上，而这两个侧面均为一般位置平面。在一般位置平面上定点（或线），利用辅助线作图，即在已知点所在面内作一辅助线，通过辅助线作图。

作图（图 1-4-31B）：

过 k' 作 $a'b'$ 的平行线 $1'2'$，求出相应的水平投影 12，过 k' 作投影连线，即可求出 k；

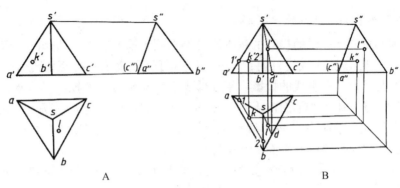

图 1-4-31 立体表面取点
A. 已知条件 B. 投影作图

过 l 作辅助线 sd，求 s'd'，过 l 作投影连线，即可求出 l'；
根据点的投影规律可求出 k"、l"。

②曲面体表面点和直线的投影　如果曲面体的表面有积聚性，可利用积聚性直接求作；如果曲面体表面没有积聚性，仍遵循求点先求线的原则，利用辅助线法求作。求作曲面体表面点和直线投影的辅助线法有素线法和纬圆法，辅助线可为直线，也可为圆。

[**例 1-4-9**] 如图 1-4-32A 所示，已知圆锥体表面上点 N 的投影 n'，用素线法求 n 和 n"。

分析：点 N 位于圆锥面上，过 N 点作一素线，只要求出该素线的投影，即可求出 N 点的投影。这种利用作辅助素线的方法称为素线法。

图 1-4-32 素线法求表面点的投影
A. 立体图 B. 投影图

作图（图 1-4-32B）：
过 n' 作素线 s'a'，求素线的水平投影 sa；
因 n' 在 s'a' 上，故 n 必在 sa 上。由 n' 向下作垂线，交 sa 于 n 点；
由 n 及 n'，根据点的投影规律即可求出 n"。

[**例 1-4-10**] 如图 1-4-33A 所示，已知圆锥体表面上点 K 的投影 k'，求 k 和 k"。

分析：点 K 位于圆锥面上，过 K 点作一平行于圆锥底面的纬圆，该纬圆的水平投影是一个与底面投影同心的圆，K 点必在该纬圆上。这种利用作辅助纬圆的方法称为纬圆法。

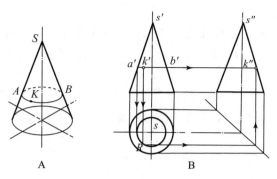

图 1-4-33 纬圆法求表面点的投影
A. 立体图　B. 投影图

作图(图 1-4-33B)：

过 k' 作一纬圆(为一水平线)，作该纬圆的水平投影；

以 s 为圆心，以纬圆的半径为半径画圆，k 必在该纬圆上，由垂直联系线可作出；

由 k 及 k'，根据点的投影规律即可求出 k''。

[**例 1-4-11**] 如图 1-4-34 所示，已知球体表面曲线段 ABC 的 V 面投影 $a'b'c'$，求其余投影。

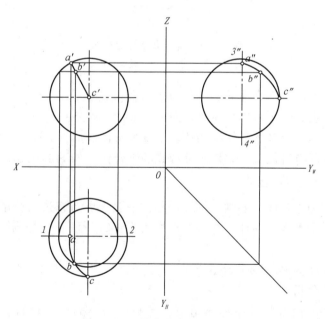

图 1-4-34 球体表面线段的投影

分析：把球体各向投影的最外纬圆称为轮廓纬圆，它是球体中的最大纬圆，是球体可见部分与不可见部分的分界线。此处曲线段 ABC 上的点 A 和点 C 分别位于球体 V 面和 H 面投影的轮廓纬圆上，可用线上求点的方法求出。再过点 B 作一辅助水平纬圆，按照上例求点的方法求出点 B 的投影，作图时应先弄清辅助纬圆在各个投影图中的位置。另外要注意，绘制一条曲线，应至少要确定 3 个点。

作图：

因点 A 在 V 面投影的轮廓纬圆上，此轮廓纬圆平行于 V 面，其 H 面和 W 面投影分别积聚为球体投影的直径 12 和 $3''4''$，由 a' 分别向下和向右作直线与 12 和 $3''4''$ 相交，求得 a 和 a''；

因为点 C 在球体 H 面投影的轮廓纬圆上，参照上述方法求得 c 和 c''；

过 b' 作一辅助水平纬圆，求得此纬圆的 H 面投影，然后利用线上求点的方法求得 b，再由 b' 和 b 求出 b''；

分别连 abc 和 $a''b''c''$ 成曲线，即为所求。

4.1.4.2 工程形体投影图

(1) 组合体的形成分析及种类

工程形体种类繁多，形态各异，但通过分析可以看到，它们都是由一些基本形体按一定形式组合起来的，又称为组合体，如图 1-4-35 所示。

A   B   C

图 1-4-35 组合体的组合形式
A. 叠加 B. 挖切 C. 叠加和挖切

根据组合方式不同，组合体通常可分为叠加型、切割型、混合型 3 种类型：

①叠加型——由若干个基本形体叠加而成，如图 1-4-35A；

②切割型——由一个基本形体挖切掉若干基本形体而成，如图 1-4-35B；

③混合型——既有叠加又有挖切两种形式的组合体，如图 1-4-35C。

(2) 工程形体投影图的画法

工程形体大多为组合体，要画它的投影图，一般先要对它进行分解，即把较复杂的组合体分解为若干个基本几何体，这种方法称为形体分析法。它是画图、读图、标注尺寸的基本方法。

以涵洞口一字墙为例，说明画图步骤。

第一步：形体分析

首先分析一字墙由哪些基本形体组成，各基本形体的相互位置、表面是否形成交线。如图 1-4-36A 所示，一字墙上部的橼石是五棱柱，中部墙身是梯形棱柱，中间又挖掉了一个圆柱体，下部基础是四棱柱。形体左右对称，圆柱孔与后墙面的交线是椭圆。

第二步：选择正立面图

画图时，先将物体摆正，安放平稳，即尽量让较多的表面与投影面平行。确定正立面图的投影方向应综合考虑以下问题：

①反映物体的主要面，如将主要出入口所在的面作为正立面；

②反映物体的形状特征；

图 1-4-36　对工程体作形体分析

③反映出物体较多的组成部分，尽可能减少视图中的虚线。

按照以上原则选定涵洞口一字墙的投影方向，如图 1-4-36B 所示。

第三步：选比例、定图幅、布置视图

根据物体的大小和复杂程度并保证图样清晰，应优先选用常用比例，然后是可用比例。选比例、定图幅时要留有余地，以便标注尺寸。布置视图就是画出各视图的对称线、轴线、中心线和基准轮廓线，使各视图间隔恰当，图面匀称。这是画图时要特别注意的问题，如图 1-4-37 所示。

第四步：画底稿

用细实线画出各形体的视图。按形体分析画，先画主要形体，后画次要形体；先画形体的基本轮廓，最后完成细节，如图 1-4-37 所示。画某一基本几何体的三视图，一般

图 1-4-37　涵洞口一字墙画图步骤

是先画反映该物体底面实形的视图,并把3个视图结合起来画,以保证投影正确和提高画图速度。

第五步:检查并清理底稿后铅笔加深或上墨线

先画视图,后画尺寸界限和尺寸线;同一种宽度的图线应一并画出,以保证图线的宽度一致;同一方向的同样宽度的图线,按由上往下、由左向右的顺序逐步绘制;当曲线与直线连接时,先画曲线,后画直线。

第六步:标注尺寸

按形体分析法标注尺寸是组合体尺寸标注的基本原则。根据形体分析法,组合体的尺寸包括定形尺寸、定位尺寸和总体尺寸。以涵洞口一字墙的投影图为例,配置并标注组合体的3种尺寸,如图1-4-38所示。

①定形尺寸是确定组合体中各基本几何体的尺寸 如基础的定形尺寸是840、300、120;墙身的定形尺寸有780、80、200、550和孔直径420;檩石的定形尺寸为820、70、50、20。

②定位尺寸是确定组合体中各基本几何体之间相对位置的尺寸 标注定位尺寸时,必须在长、宽、高3个方向各选择一个标注尺寸的起点,即尺寸基准。组合体一般选择对称面、回转体轴线、底面和重要端面作基准。如墙身的定位尺寸30、50,檩石的定位尺寸20,涵洞口的定位尺寸330。

③总体尺寸是表明组合体的总长、总宽、总高的尺寸 如平面图中的840、侧立面图中的300、正立面图中的720是整个组合体外形的总长、总宽、总高尺寸。

图 1-4-38 组合体投影图的尺寸标注

4.2 剖面图和断面图

4.2.1 剖面图形成及类型

4.2.1.1 剖面图形成

投影图中实线表示可见轮廓，虚线表示不可见轮廓。对于内部形状复杂的物体，其投影图将会出现很多虚线，易造成虚、实线交错，难以绘制、识读，也不便于标注尺寸。另外，在土建工程中，通常还要在投影图中表达出结构与构造的材料，以便于施工。

为了能清晰地表达物体的内部构造，假想用一个剖切平面将物体剖开，并移开观察者与剖切平面之间的部分，然后将物体剩余部分向与剖切平面平行的投影面进行投影，这种投影图称为剖面图，如图 1-4-39 所示。

图 1-4-39　剖面图的形成

4.2.1.2 剖面图画法

（1）确定剖切平面位置

要求在最能反映物体特点并能确切反映所要表达部分的真实形状的位置剖切，所以选用的剖切平面一般都与投影面平行，并且一般应通过物体内部结构的对称面或通过孔、洞、槽等隐蔽部位的中心线。

（2）画剖面图

通常把剖切到的断面轮廓线用粗实线表示，并填充以建筑材料图例，剖切平面后面的可看见轮廓线，在房屋建筑图中用细实线画出，在其他一些土建工程图中用中粗实线画出。物体被剖切后，剖面图上仍可能有不可见部分的虚线存在，为了使图形清晰易读，对于已经表示清楚的部分，虚线一般可以省略不画。剖面图虽然是按剖切位置移去物体在剖切平面和观察者之间的部分，根据留下的部分画出的投影图，但因为剖切是假想的，因此画其他投影图时，仍应完整地画出，不受剖切的影响。

(3) 标注剖切符号

剖面图本身不能反映剖切平面的位置，在其他投影图上必须标注出剖切平面的位置及剖切形式。在建筑工程图中剖切平面的位置及投影方向用剖切符号表示。剖切符号由剖切位置线和剖视方向（投影方向）线组成，均用粗实线绘制。剖切位置线的长度一般为6~10mm。剖视方向线应垂直于剖切位置线，长度应短于剖切位置线，一般为4~6mm，剖切符号应尽量不穿行图面上的图线。剖切符号的编号宜采用阿拉伯数字，数字应写在投影方向的一边。在剖面图的下方应写上相应的编号，如图1-4-39所示。

4.2.1.3 剖面图类型

根据剖开物体的多少，可将剖面图分为以下几种。

(1) 全剖面图

用一个剖切平面完全地剖切物体后所画出的剖面图，称为全剖面图，如图1-4-39中1—1剖面图。

全剖面图常用于不对称的物体。有些物体虽对称，但另有表达外形的视图或外形较简单时，也可采用全剖面图表示。

(2) 半剖面图

当物体具有对称平面时，在其形状对称的视图上，以对称平面为界，用剖切平面将物体剖开一半后投射，所得到的剖面图称为半剖面图。在半剖面图中，一半画成剖面图以表达内部结构形状，另一半则画成视图以表达外部形状。半剖面图适用于形状对称、内外结构均需表达的形体。

图1-4-40为一个杯形基础的半剖面图。在正面投影和侧面投影中，都采用了半剖面图的画法，以表示基础的内外部构造和形状。

半剖面图应以对称线作为外形图与剖面图的分界线。当对称线为铅垂方向时，剖面图放在对称线的右边；当对称线为水平方向时，剖面图放在对称线的下边。半剖面图一

图1-4-40　杯形基础的半剖面图
A. 投影图　B. 直观图

般不画剖切符号。如果物体形状接近于对称，且不对称部分已另有图形表达清楚，也可以用半剖面图表示。

（3）阶梯剖面图

当形体内部形状和结构均较为复杂，用一个剖切平面不能将处于相互平行且不重叠的形体内部情况表达清楚时，可假想用两个（或两个以上）相互平行的剖切平面，沿形体内部需要表达的位置剖开，所得的剖面图称为阶梯剖面图，如图 1-4-41 所示。

图 1-4-41　房屋的阶梯剖面图

（4）旋转剖面图

当形体内部形状和结构用一个剖切平面不能表达完全时，可假想用两个（或两个以上）相交的剖切平面，沿形体内部需要表达的位置剖开，并将其中倾斜的部分旋转到与投影面平行的位置再进行投影，所得的剖面图，称为旋转剖面图，所得的剖面图应在图名后加注"展开"两个字，如图 1-4-42 所示。

图 1-4-42　水池旋转剖面图

（5）局部剖面图

局部剖面图是表示物体局部内部构造的剖面图。局部剖面图中保留了原物体投影图的大部分外部形状，在投影图和局部剖面图之间，用徒手画的细波浪线作为分界线。如图 1-4-43A 所示，沟管为同轴回转体，内部是台阶孔结构，如前所述，通过剖切平面剖开形体，可以使内部不可见的结构变得可见，显而易见，该沟管适合采用剖面图来表达。假想用一个平行于相应投影面的剖切平面局部地剖开沟管，如图 1-4-43B 所示。局部剖面图主要用于不适宜全剖面图或半剖面图，且内、外结构都需要表达的形体。

绘制时，波浪线可看成形体断裂痕迹的投影，故只能画在形体的实体部分，不能与图中其他图线重合，也不能超出轮廓线之外，如图 1-4-43B 所示。另外，如遇形体上与

图 1-4-43 沟管视图与局部剖面图

剖切平面相交的可见空洞的投影,波浪线必须断开。

(6) 分层局部剖面图

在土建工程中,对于有分层结构的形体,常用分层局部剖面图。分层局部剖面图应按层次以波浪线为界将各层分开,如图 1-4-44 所示。分层局部剖面图多用于表达楼层、地面和墙面的材料和构造。

图 1-4-44 地面立体图及其分层剖面图

4.2.2 断面图形成及类型

4.2.2.1 断面图形成

在园林施工图中,往往需要对园林工程构件的内部结构做详细的描述,剖面图虽能达到这一要求,但不够简练。为突出强调园林工程构件某一处的结构特点,假想用剖切面将园林工程构件的某处切断,只画出该剖切面与园林工程构件接触部分(断面区域)的图形。断面图常用于表达物体某部分的断面形状,如建筑构件、杆件及型材等的断面,如图 1-4-45 所示。

4.2.2.2 断面图与剖面图区别

如图 1-4-45 所示,可以看出剖面图与断面图的区别在于:

①剖面图是被剖开的形体的投影,是体的投影;而断面图只是一个截口的投影,是面的投影。断面图只需画出形体被剖切面切到部分的图形;而剖面图除应画出剖切面切到部分的图形外,还应画出沿投射方向看到的部分,被剖切面切到部分的轮廓线用 0.7b 线宽的实线绘制,剖切面没有切到但沿投射方向可以看到的部分,用 0.5b 线宽的实线绘制。

图 1-4-45　工字形柱(牛腿柱)的剖面图与断面图
A. 立体图　B. 剖切方法　C. 剖面图表示法　D. 断面图表示法

②剖面图中包含断面图。被剖开的形体必有一个截口，所以剖面图必然包含断面图，而断面图虽属于剖面图中的一部分，但一般单独画出。

③剖切符号的标注不同。断面图的剖切符号只画出剖切位置线，不画投射方向线，用断面图的编号的注写位置代表投射方向；而剖面图不但标注剖切位置线，还要标注投射方向线。

④剖面图中的剖切平面可转折，而断面图中的剖切平面不转折。

4.2.2.3　断面图类型

（1）移出断面图

①画法　断面图画在视图之外，轮廓线用粗实线绘制。配置在剖切线的延长线上或其他适当的位置，如图 1-4-45D 所示。

剖切平面通过回转面形成的孔或凹坑的轴线时，应按剖面画。当剖切平面通过非圆孔，导致完全分离的两个断面时，这些结构也应按剖面画。

②标注方法　标注内容包括剖切符号和断面图的名称。

配置在剖切线的延长线上的不对称的移出断面图，可省略名称；配置在剖切线的延长线上的对称的移出断面图，可不标注；其余情况需全部标注。

（2）中断断面图

对于较长且断面形状相同的构件，如杆件、型材等，常把视图断开，将断面图画在中断处，称为中断断面图，如图 1-4-46 所示。中断断面图的轮廓线用粗实线绘制，一般不需标注。

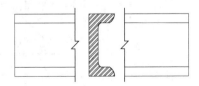

图 1-4-46　槽型钢的中断断面图

(3) 重合断面图

①画法　断面图画在视图之内,当视图中的轮廓线与断面图的图线重合时,视图中的轮廓线仍应连续画出,不得间断。

重合断面轮廓线用细实线绘制,如图 1-4-47 所示。通常将重合断面轮廓线用粗实线绘制,若重合断面的轮廓不是封闭的线框,其轮廓线要比视图轮廓线粗,并在轮廓线范围内,沿轮廓线边缘画出与轮廓线成 45°方向的图例线(细实线)。

②标注方法　配置在剖切线上的不对称的重合断面图,可不标注名称;对称的重合断面图,可不标注名称。

图 1-4-47　重合断面图

4.3　标高投影

地面形状较复杂,高低不平,没有一定的规则,如果仍用前述图示方法去表示地面形状,则难以表达清楚。为此产生了一种新的图示方法——标高投影。标高投影就是在形体的水平投影上,以数字标注出各处的相对高度来表示形体形状的一种图示方法。

4.3.1　点、线、面标高投影

(1) 点标高投影

若点 A 位于已知的水平面 H 的上方 5 单位,点 B 位于 H 面内,点 C 位于 H 面下方 3 单位,如图 1-4-48A 所示,那么,在 A、B、C 点的水平投影 a、b、c 之旁注上相应的高度值 5、0、-3,即得点 A、B、C 的标高投影图,如图 1-4-48B 所示。此时,5、0、-3 等高度值,称为各该点的标高。通常以 H 面作为基准面,它的标高为 0。高于 H 面的标高为正,低于 H 面的标高为负。

在标高投影图上,为了充分确定形体的空间形状和位置,还必须在标高投影图上,附有一个比例尺,并注明刻度单位。标高投影图常用的单位为米(m)。

图 1-4-48　点的标高投影

(2)直线标高投影

如图 1-4-49 所示,a_3b_5 就是直线 AB 的标高投影。

如图 1-4-50 所示,也可用直线上一个点的标高投影并标注直线的坡度和方向来表示直线,箭头的方向指向下坡。

图 1-4-49 直线的标高投影　　图 1-4-50 直线的表示法

直线的坡度 i,就是当其水平距离为一单位时的高差(图 1-4-51)。

若直线 AB 的标高投影 a_2b_4,它的长度即 AB 的水平距离为 L,AB 两点的高差为 H,则直线 AB 的坡度 $i = H/L = \mathrm{tg}\alpha$。

(3)平面标高投影

平面的等高线有以下特性:等高线是直线;等高线互相平行;等高线的平距相等。等高线的平距是指相邻等高线的高差为 1m 时,两相邻等高线间的水平距离。

图 1-4-51 直线的坡度　　图 1-4-52 平面上的等高线和最大坡度线

平面上与等高线垂直的直线叫作最大坡度线,如图 1-4-52A 所示,在 P_H 上任取一点 E,引平面 P 上的最大坡度线 EF,它的 H 面投影 Ef 垂直于 P_H。直线 Ef 的平距与平面 P 的平距相等。在标高投影中,将平面上画有刻度的最大坡度线 EF 的标高投影,称为平面 P 的坡度比例尺,标注为 P_i。一般将其画成一粗一细的双线,使其与一般直线有所区别,并附以整数标高,如图 1-4-52B 所示。坡度比例尺垂直于平面的等高线,它的间距等于平面的间距。

平面的常用表示方法有以下几种:

①用几何元素表示平面　不在同一直线上的 3 个点、一条直线及线外一点、两条相交直线、两条平行直线、平面图形。

②用坡度比例尺表示平面　如图 1-4-53 所示，坡度比例尺的位置和方向一经确定，平面的位置和方向也就随之而定。过坡度比例尺各整数标高点作坡度比例尺的垂线，即得平面上的等高线。

③用一条等高线和平面的坡度表示平面　图 1-4-54A 是用平面上的一条等高线和平面的坡度表示平面。

知道平面的一条等高线就可以定出最大坡度线的方向，又给出平面的坡度，则平面的方向和位置就确定了。如要作平面上的等高线，可先作已知等高线的垂线，在垂线上按图中所给比例截取水平距离，过各分点作已知等高线的平行线，即得平面上的等高线的标高投影，如图 1-4-54B 所示。

图 1-4-53　用坡度比例尺表示平面　　　图 1-4-54　用一条等高线和平面的坡度表示平面

④用一条直线和平面的坡度表示平面　过一条直线可以作无数平面，然而平面的坡度给定后，又指出平面的倾斜方向，则此平面的位置也就可以确定了。如图 1-4-55A 所示，图中的箭头只是表明平面向直线的某一边倾斜，不表明坡度的方向，因此画成虚箭头。

如图 1-4-55A 所示，平面由直线 a_5b_9 和平面的坡度 $i=1:2$ 给出，求平面的等高线。

过 a_5 有一条标高为 5 的等高线，过 b_9 有一条标高为 9 的等高线。两条等高线之间的水平距离 $L=H/i=(9-5)\times2=8(m)$。

过定点 a_5 作直线使之与另一定点 b_9 的距离等于定长 8m。以 b_9 为圆心，$R=8m$ 为半径（按图中所给比例量取），在平面的倾斜方向画圆弧，再过 a_5 作圆弧的切线，得到标高为 5 的等高线。四等分 a_5b_9 得直线上标高为 6、7、8 的点，过各分点作直线与等高线 5 平行，就得到 6、7、8 这 3 条等高线。

(4) 曲面的标高投影

用若干水平面截曲面可得到一系列等高线。在标高投影中，可用这些等高线来表示曲面。

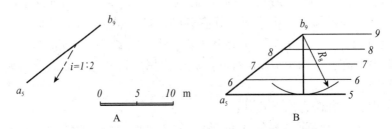

图 1-4-55　用一条等高线和平面的坡度表示平面

如图 1-4-56A 所示为一正圆锥，用一系列高程为整数的水平面 P、Q…与它相截，等高线均为同心圆，而且间距相等。如图 1-4-56B 所示，在等高线上应注明标高，最后还应注明锥顶标高。如图 1-4-56C 所示为一倒圆锥面，其等高线越向外，标高数字越大。

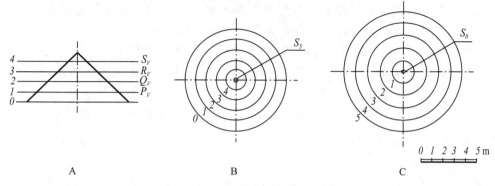

图 1-4-56 圆锥面

在土石方工程中，常将建筑物边坡造成正圆锥面。如图 1-4-57 所示，图中一长一短的细实线是示坡线，由坡顶指向下坡。圆锥面上的示坡线是素线方向，通过锥顶；平面上的示坡线垂直于等高线。

图 1-4-57 圆锥坡面

4.3.2 地形面

(1) 地形等高线

如图 1-4-58 所示，用水平面截割小山丘，可得到一系列不规则曲线，即为等高线。

图 1-4-58 地形面的表示法

它是天然地形与一组有高程的水平面相交后，投影在平面图上绘出的迹线。将地面上标高相同的点相连接而成的直线或曲线，称为地形等高线。

(2) 地形图

绘出地形等高线的水平投影，并注明每条等高线的高程，就得到地形面的标高投影，这种图样称为地形图，如图 1-4-59 所示。

在地形图中，通常每隔 4 根等高线画得较粗，并注明标高数字，单位为"米"，称为计曲线。按规定标高数字的字头应指向上坡注写。从图中可看出两条相邻等高线的高差是 10m。图的中部在 150m 标高附近有两处环状等高线，表明这两个地方是山头。两山头之间是鞍部。图左上角等高线较密，表明地面的坡度大；图的右上部分等高线稀疏，表明地势较缓。

(3) 地形断面图

用铅垂面剖切地形面，所得的断面形状称为地形断面图。作图方法如图 1-4-60 所示：

①过 1-1 作铅垂面，它与地形面各等高线的交点为 a、b、c…

②按图形比例画出一组平行的等高线，15、20、25…

③自 a、b、c…各点作铅垂线，与相应的高程相交，得到点 A、B、C…

④把这些点连成光滑曲线。

图 1-4-59 地形图

图 1-4-60 地形断面图

4.3.3 建筑物与地面的交线

(1) 建筑物与水平地面的交线

建筑物表面可以是平面、圆锥面或同坡曲面等，它们与水平面的交线是一条等高线，所以求建筑物与水平地面的交线，实际上就是画出建筑物表面上相应的等高线。实际工程中，把建筑物相邻两坡面的交线称为坡面交线，挖方边坡与地面的交线称为开挖线，把填方坡面与地面的交线称为坡脚线。

[例 1-4-12] 在高程为 0 的地面挖一基坑，坑底标高为 -3m，坑底形状和各棱面坡度如图 1-4-61A 所示，画出开挖线和坡面交线。

做法 (图 1-4-61B)：

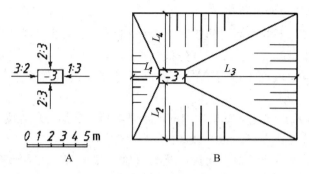

图 1-4-61 求开挖线和坡面交线

① 求开挖线 本例中开挖线是各坡面高程为 0 的地面的交线，它们分别与相应坑底边线平行，其水平距离 $L_1 = 3 \div (3/2) = 2(\mathrm{m})$，$L_2 = L_4 = 3 \div (2/3) = 4.5(\mathrm{m})$，$L_3 = 3 \div (1/3) = 9(\mathrm{m})$。

② 求坡面交线 分别连接相邻坡面上同高程等高线的两个交点，即得四条坡面交线。

③ 画出各坡面的示坡线。

[例 1-4-13] 在高程为 3m 的地面上修一高程为 7m 的平台，平台顶的形状及边坡的坡度如图 1-4-62A 所示，求坡脚线和坡面交线。

图 1-4-62 求坡脚线和坡面交线

做法(图 1-4-62B、C)：

① 求坡脚线 平台左右边坡为平面，所以坡脚线与台顶边线平行，水平距离 $L = (7-3) \div (1/1) = 4(\mathrm{m})$；

平台中部边界是半圆形，其边坡是圆锥面，坡脚线是同心圆，水平距离(即半径差) $L = (7-3) \times (1/0.6) = 2.4(\mathrm{m})$。

② 求坡面交线 因左右平面坡的坡度小于圆锥面坡度，所以坡面交线是两段椭圆曲线。为求坡面交线，需作出若干交线上的点。如图 1-4-62B 所示，间隔 1m 作出平面上高程为 6m、5m、4m 等高线；分别以 O 为圆心，以 $R+0.6$、$R+1.2$、$R+1.8$、$R+2.4$ 为半径作出圆锥面上高程为 6m、5m、4m 等高线，然后用光滑曲线连接同等高线的交点，即为坡面交线。

③ 画出示坡线。

(2) 建筑物与地形面的交线

地面一般是起伏不平的曲面。建筑物与地面相交，交线是不规则的曲线，必须求出一系列共有点以后才能连线。作图时，先根据地形等高线的高差，在建筑物坡面上作一系列等高线，则建筑物坡面上的等高线与同高程地形等高线的交点，就是交线上的共有点。

[例1-4-14] 在坡地上修建一高程为21m的水平场地，已知场地边坡的坡度为1∶1，如图1-4-63所示。求开挖线与场地边界线。

分析：场地右端边界为半圆，故坡面是倒圆锥。场地两侧边界为两段与半圆相切的直线，故坡面是两个与倒圆锥相切的平面，因此没有坡面交线。

图 1-4-63 求地形面上的开挖线

做法：

① 高程为21m，其左侧边界应是地面上一段高程为21m的等高线。可在地面20m和22m等高线之间插入一条21m的等高线，AB段即为场地左侧边界线。

② 作出坡面上与地面同高程的等高线，为此，坡面等高线间的高差应与地面等高线间的高差相同。取高差1m，水平距离也是1m，作坡面22m的等高线与地面上22m的等高线交于 c、d。取高差2m，水平距离也是2m，可作出坡面上其他等高线。同高程等高线的交点，即是开挖线上的点。

③ 坡面与地面上高程26m的两条等高线有两个交点 h、g，而与高程28m的等高线不相交。可在地面和坡面上各插入一条27m的等高线，求得 m、n 两个交点，这两点也是开挖线上的点。

④ 用光滑曲线连接各共有点，画出示坡线，完成作图。

巩固训练

1. 在 A3 图纸上选择合适比例完成纪念碑的三视图并标注尺寸（图 1-4-64）。
2. 在 A3 图纸上选择合适比例完成花池座椅的平面图、立面图及 1-1 剖面图（图 1-4-65）。
3. 完成 1-1 地形断面图的绘制（图 1-4-66）。

图 1-4-64　纪念碑立体图

图 1-4-65　花池座椅视图

图 1-4-66　绘制地形断面图

自测题

1. 正投影的投影特性和尺寸对应关系是什么？
2. 工程形体的尺寸主要分为哪两类？
3. 剖面图主要包括哪几种类型？
4. 剖面图和断面图有什么区别？
5. 地形剖面图的绘制步骤是什么？

知识拓展

模块 2
园林工程制图实务

学习目标

熟悉各类园林设计图的绘制原理；初步掌握各类园林设计图的绘制方法；熟练掌握各类园林设计图的识读技巧。能准确而美观地抄绘各类园林设计图；能较准确地实测园林景观图；能绘制和求作园林效果图。具有团队意识、创新意识；具有分析问题和解决问题的能力、表达沟通能力、审美能力；具有工程意识，践行生态文明理念。

学习任务

(1) 绘制与识读园林总平面图；
(2) 绘制与识读山水地形设计图；
(3) 绘制与识读园路与广场、园桥设计图；
(4) 绘制与识读园林建筑设计图；
(5) 绘制与识读植物景观设计图；
(6) 绘制与识读园林效果图。

项目 1
园林总平面图绘制与识读

了解园林总平面图的内容；了解总平面图识读与绘制的要求与方法；了解总平面图识读与绘制步骤；能够正确绘制与识读园林总平面图。

任务 1-1 绘制与识读园林工程设计总平面图

学习目标

【知识目标】
(1) 熟悉园林设计总平面图的基本知识。
(2) 掌握园林设计总平面图中各造景要素的平面表示方法。
(3) 掌握园林设计总平面图识读与绘制的方法及步骤。

【技能目标】
能熟练绘制与识读园林设计总平面图。

知识准备

1. 园林设计总平面图基本知识

总平面图是水平投影图，主要表现规划用地范围内的总体规划设计，反映园林各组成部分的尺寸和平面关系以及各种造园要素的布局，是反映园林工程总体设计意图的主要图样（图2-1-1、图2-1-2）。

1) 园林设计总平面图的内容

总平面图是表现整个规划区域范围内各造园要素及周围环境的水平正投影图。总平面图图纸上应反映出地形现状、山石水体、道路系统、植物的种植位置、建筑物位置、风景透视线、定点放线的依据等。

其主要包括以下内容：

项目1 园林总平面图绘制与识读

图 2-1-1 园林设计总平面图（1）

图 2-1-2 园林设计总平面图（2）

（1）图名、图例

在园林设计图中通常在图纸的显要位置列出图样的名称，除了起到标示、说明作用外，图名还应该具有一定的装饰效果，应该注意与图纸总体风格相协调。图例是图中一些自定义的元素对应的含义，也包括植物的平面表示图例。

(2)规划用地区域现状及规划的范围

①规划用地区域现状　表现设计地段的位置,所处的环境,周边的用地情况、道路交通情况等。有时会和现状分析图结合,在总平面图中可以省略。

②规划设计范围　给出设计用地的范围,即规划红线范围。

(3)以详细尺寸或坐标网格标明各园林组成要素

①山石　在总平面图中应该标出山石的位置及其水平正投影的轮廓线,以粗实线绘出边缘轮廓,以细实线绘出皱纹。

②建筑物　在总平面图中应该标出建筑物、构筑物及其出入口、围墙的位置,并标注建筑物的编号。园林建筑在平面图中通常用建筑屋顶平面来表示。根据图纸比例及绘图要求不同,建筑物屋顶的平面画法也不同。对于大尺度的或建筑处于次要地位的园林规划,建筑通常以简单的轮廓表示;以建筑设计为主的园林规划,为强调建筑在整体园林环境中的控制地位,常采用涂实建筑屋顶的方法;大比例的图纸中,可采用窗台以上部位的水平剖面来表示,能表现出建筑外墙轮廓及内部空间。对于一些园林小品可以利用图例标出位置。

③道路、广场　在平面图中应标出道路中心线位置、主要的出入口位置及其附属设施停车场的车位位置;标示出广场的位置、范围、名称等。

④地形、水体　绘制出地形等高线、水体的驳岸线,并填充图案以与其他部分区分。水体一般用两条线表示,外面的一条表示水体边界线(即驳岸线),用粗实线绘制;里面的一条线表示水面,用细实线绘制。

⑤植物　用植物平面图例表示植物种植的位置,由于园林植物种类繁多,姿态各异,平面图无法详尽表达,一般采用图例概括表示,所绘图例应区分针叶树、阔叶树、常绿树、落叶树、乔木、灌木、绿篱、花卉、草坪、水生植物等,对常绿植物在图例中应以间距相等的细实线表示。如果是大片的树丛可以仅标示出林缘线。

(4)比例尺、指北针或风向频率玫瑰图

①比例尺　为了便于阅读,园林设计总平面图宜采用线段比例尺,如图2-1-3所示。

②指北针或风向频率玫瑰图　总平面图中的指北针可参照国标中图例符号绘制,也可自行设计(图2-1-3)。

图 2-1-3　比例尺和指北针示意图

风向频率玫瑰图是总平面图上用来表示该地区每年风向频率的标志。它是以十字坐标定出东、南、西、北、东南、东北、西南、西北等16个方向后，根据该地区多年平均统计的各个方向吹风次数的百分数值而绘成的折线图形。

(5) 标题栏、会签栏和设计说明

详见模块1中3.1.2节内容。

2) 园林设计总平面图的类型

(1) 方案设计阶段

方案设计阶段的总平面图直接反映设计者的设计意图，是分析后产生的初步设计方案。此时的平面图线条粗犷、醒目，平面表现力强，设计内容概括，不够精准。

(2) 施工阶段

施工图是将园林设计方案与现场施工联系起来的图纸，此时的平面图要求规范，线条表现细致，能准确表示出各项设计内容的尺寸、位置、形状、材料、数量、色彩等，能够依据图纸指导现场施工。

2. 园林设计总平面图绘制原理

总平面图是表现整个规划区域范围内各造园要素及周围环境的水平正投影图。在进行投影时，景物之间的相对位置关系、景物的周边轮廓特征以及景物的内部主要构造都可以表现出来。

由于总平面图中涉及的要素有山水地形、道路广场、建筑与小品和植物景观等，每种要素的投影原理和特点既有一定的共性，又有一定的差异性，这些将在后面的项目中进行阐述和分析。

任务实施

1. 绘制工具

图板、丁字尺、三角板、比例尺、圆规、绘图笔、绘图纸、描图纸及墨水等。

2. 绘制方法

(1) 根据用地范围大小与总体布局的内容，选定适宜的绘图比例。若用地面积大，总体布置内容较多，可考虑选用较小的绘图比例；反之，则考虑选用较大的绘图比例。比例选用的原则，可参照制图标准及基本规格。如小游园、庭院、屋顶花园等，由于面积较小，可选用1∶200或更大的比例绘图。

(2) 确定图幅，布置图面。绘图比例确定后，就可根据图形的大小确定图纸幅面，并进行图面布置。在进行图面布置时，应考虑图形、尺寸、图例、符号、文字说明等内容所占用的图纸空间，使图面布局合理，保持图面均衡。

(3) 确定定位轴线，或绘制直角坐标网。规整形式平面 (如园林建筑设计图) 要注明轴线与现状的关系。对自然式园路、园林植物种植应以直角坐标网格作为控制依据。坐标网格以 (2m×2m) ~ (10m×10m) 为宜，其方向尽量与测量坐标网格一致，并采用细实线绘制。

采用直角坐标网格标定各造园要素的位置时，可将坐标网格线延长作定位轴线，并在其一端绘制直径为8mm的细实线圆进行编号。定位轴线的编号一般标注于图样的下方与左侧，横向用阿拉伯数字自左而右按顺序编号，纵向用大写英文字母（除Ⅰ、O、Z外，以免与1、0、2混淆）自下而上按顺序编号，并注明基准轴线的位置。

（4）绘制现状地形与将保留的地物。

（5）绘制设计地形与新设计的各造园要素。

（6）检查底稿，加深图线。

（7）标注尺寸和标高。平面图上的坐标、标高均以米（m）为单位，小数点后保留3位有效数字，不足的以"0"补齐。

（8）注写图例说明与设计说明。如果图纸上有相应的空间，可注写图例说明与设计说明。为使图面清晰，便于阅读，对图中的建筑物及设施应予以编号，然后注明其相应的名称，否则可将其注写于设计说明书中。

（9）绘制指北针或风向频率玫瑰图等符号，注写比例尺，填写标题栏、会签栏。

（10）检查并完成全图。

为了更形象地表达设计意图，往往在设计平面图的基础上，根据设计者的构思再绘制出立面图、剖面图和鸟瞰图。

3. 识读步骤

（1）看图名、比例、设计说明

了解工程名称、性质、设计范围、设计意图等。

（2）看指北针或风玫瑰图等符号，熟悉图例

了解新建景区的平面位置和朝向，明确总体布局情况。

（3）看等高线和水位线

了解景区的地形和水体布置情况，根据图中各处位置的标高及绿地四周的标高、规划设计内容和景观要求，检查竖向设计、地面坡度和排水方向。

（4）看坐标和尺寸

根据坐标和尺寸，明确施工放线的依据。

巩固训练

用绘图铅笔抄绘某园林设计总平面图，幅面大小为A3，上墨线。

自测题

1. 园林设计总平面图中的比例尺应如何识读？
2. 园林设计总平面图中的指北针画法有何要求？

数字资源

项目1　园林总平面图绘制与识读

任务 1-2 绘制与识读园林工程施工总平面图

学习目标

【知识目标】
(1)熟悉园林施工总平面图的基本知识。
(2)掌握园林施工总平面图中各造景要素的平面表示方法。
(3)掌握园林施工总平面图识读与绘制的方法及步骤。
【技能目标】
能熟练识读与绘制园林施工总平面图。

知识准备

1. 园林施工总平面图基本知识

1)园林工程施工总平面图主要内容

施工总平面图表现整个基地内所有组成成分的平面布局、平面轮廓等,是其他施工图绘制的依据和基础。通常总平面图中还要绘制施工放线网格,作为施工放线的依据。

(1)施工总平面图的主要内容

①指北针(或风玫瑰图),绘图比例(比例尺),文字说明,景点、建筑物或者构筑物的名称标注,图例表。
②道路、铺装的位置、尺度、主要点的坐标、标高以及定位尺寸。
③园林建筑及小品主要控制点坐标及定位、定形尺寸。
④地形、水体的主要控制点坐标、标高及控制尺寸。
⑤植物种植区域轮廓。
⑥对无法用标注尺寸准确定位的自由曲线园路、广场、水体等,应给出该部分局部放线详图,用放线网表示,并标注控制点坐标。

(2)园林工程施工图的要求

①总要求

• 施工图的设计文件要完整,内容、深度要符合要求,文字、图纸要准确清晰,整个文件要经过严格校审。

• 施工图设计应根据已通过的初步设计文件及设计合同书中的有关内容进行编制,内容以图纸为主,应包括:封面、图纸目录、设计说明、图纸、材料表及材料附图以及预算等。

• 施工图设计文件一般以专业为编排单位,各专业的设计文件应经严格校审、签字后,方可出图及整理归档。

②设计深度要求
- 能够根据施工图编制施工图预算。
- 能够根据施工图安排材料、设备订货及非标准材料的加工。
- 能够根据施工图进行施工和安装。
- 能够根据施工图进行工程验收。

在编制中应因地制宜地积极推广和正确选用国家和地方的行业规范标准,并在设计文件的设计说明中注明引用的图集名称和页次。

对于每一项园林工程施工设计,应根据设计合同书,参照相应内容的深度要求编制设计文件。

③图纸封面、目录的编排及总说明的编制要求
- 封面:施工图集封面应该注明:项目名称,编制单位名称,项目的设计编号,设计阶段,编制单位法定代表人、技术总负责人和项目总负责人的姓名及其签字或授权盖章,编制年月(出图年、月)等。
- 目录编排:图纸目录中应包含:项目名称、设计时间、图纸序号、图纸名称、图号、图幅及备注等。图纸编号以专业为单位,各专业各自编排各专业的图号;对于大、中型项目,应按照以下专业进行图纸编号:园林、建筑、结构、给排水、电气、材料附图等。对于小型项目,可以按照以下专业进行图纸编号:园林、建筑及结构、给排水、电气等。每一专业图纸应该对图号加以统一标示,以方便查找,如建筑结构施工可以缩写为"建施(JS)",给排水施工可以缩写为"水施(SS)",种植施工图可以缩写为"绿施(LS)"。总之,图号的编排要利于记忆,便于识别,方便查找(表2-1-1)。

表2-1-1 图纸目录示例

序号	分 类	图 名	图 号	图 幅	比 例
1	施工说明及材料表(SM)	总说明	SM-01	A4	
		植物材料明细表	SM-02	A4	
		铺装材料明细表	SM-03	A4	
2	施工放线图(YS)	施工总平面图	YS-01	A1	1:500
		道路铺装施工放线图	YS-02	A1	1:200
		中心广场施工放线图	YS-03	A1	1:200
3	竖向施工图(SX)	竖向施工图	SX-01	A1	1:500
4	建筑结构施工图(JS)	弧形廊架施工详图	JS-01	A1	
		方亭施工详图	JS-02	A1	
		水体施工详图	JS-03	A1	
		拱桥施工详图	JS-04	A1	
		木质平台施工详图	JS-05	A1	
		中央花坛、入口景墙施工详图	JS-06	A1	
		铺装节点施工详图	JS-07	A1	
5	电气施工图(DS)	照明系统施工设计说明	DS-01	A4	
		照明系统施工平面图	DS-02	A1	1:500
		照明系统配电图	DS-03	A1	
		灯具设计与安装详图	DS-04	A1	

(续)

序号	分类	图名	图号	图幅	比例
6	给排水施工图(SS)	给排水施工说明	SS-01	A4	
		给排水管线布局图	SS-02	A1	1：500
		给排水施工详图	SS-03	A1	1：200
		水体管线施工详图	SS-04	A1	1：1500
		喷灌施工图	SS-05	A1	
7	种植施工图(LS)	种植施工总平面图	LS-01	A1	1：500
		种植施工放线图(一)	LS-02	A1	1：200
		种植施工放线图(二)	LS-03	A1	1：200

以上是某园林工程施工图集的目录，应按照图纸内容进行编排，如果规划区域较大，在施工总平面图之后要给出索引图(施工分区图)，然后按照索引图中的分区进行图纸编排。

此外，在实际工作中，图纸的数量和内容可以根据需要进行增减，例如，当工程较为简单时，竖向设计图可与总平面图合并；当路网复杂时，可增绘道路平面图；土方调配图也可根据施工需要确定是否出图。

● 总说明的编制：在每一套施工图集的前面都应针对这一工程以及施工过程给出总体说明，具体内容包括以下几个方面：

a. 设计依据及设计要求：应注明采用的标准图集及依据的法律规范。

b. 设计范围。

c. 标高及标注单位：应说明图纸文件中采用的标注单位，采用的是相对坐标还是绝对坐标，如为相对坐标，须说明采用的依据及其与绝对坐标的关系。

d. 材料选择及要求：对各部分材料的材质要求及建议，一般应说明的材料包括饰面材料、木材、钢材、防水疏水材料、种植土及铺装材料等。

e. 施工要求：强调需注意工种配合及对气候有要求的施工部分。

f. 经济技术指标：施工区域总的占地面积，绿地、水体、道路、铺地等的面积及占地百分比、绿化率及工程总造价等。

(3) 园林工程施工总平面图示例

示例如图2-1-4、图2-1-5所示。

表明各种设计要素的平面关系和它们的准确位置；放线坐标网、基点、基线的位置。其作用一是作为施工的依据，二是作为绘制平面施工图的依据。

施工总平面图图纸内容包括：保留的现有地下管线(红色线表示)、建筑物、构筑物、主要现场树木等(用细线表示)。设计的地形等高线(细虚线表示)、高程数字、山石和水体(用粗实线外加细线表示)、园林建筑和构筑物的位置(用粗实线表示)、道路广场、园灯、园椅、果皮箱等(中粗线表示)；并绘制放线坐标网，或定位放线尺寸等。

2) 施工总平面图尺寸定位类型

①利用尺寸数据定位的施工总平面图(图2-1-6)。

②利用方格坐标定位的施工总平面图(图2-1-7)。

图 2-1-4 施工总平面图示例——地形复杂,采用方格坐标定位

图 2-1-5 施工总平面图示例——几何形的构图,采用尺寸标注定位

项目 1 园林总平面图绘制与识读

图 2-1-6 尺寸数据定位图

图 2-1-7 方格坐标定位图

2. 园林施工总平面图绘制原理

施工总平面图是表现整个规划区域范围内各造园要素及周围环境的水平正投影图，其中应标明各造园要素的位置、标高等。

园林施工总平面图绘制（投影）原理与设计总平面图相同，但投影绘制更加细致和深入，坐标和尺寸定位更加准确。园林施工总平面图是园林工程施工定位的主要依据。定位坐标与尺寸标注数据是景物实际的尺寸大小，并按一定的比例绘制的，如 1∶500、1∶1000 等。

任务实施

1. 绘制工具

图板、丁字尺、三角板、比例尺、圆规、绘图笔、绘图纸、描图纸及墨水等。

2. 绘制方法

(1) 绘制设计平面图。

(2) 根据需要确定坐标原点及坐标网格的大小，绘制测量和施工坐标网。

(3) 标注尺寸、标高。

(4) 绘制图框、比例尺、指北针，填写标题、标题栏、会签栏，编写说明及图例表。

3. 绘制技巧

(1) 布局与比例

根据规划场地形状进行平面布局。施工总平面图一般采用 1∶500、1∶1000、1∶2000 的比例绘制。

(2) 图例

建筑物、构筑物、道路、铁路以及植物等的图例应该参照相应的制图标准。如果由于某些原因必须另行设定图例，应该在总图上绘制专门的图例表进行说明。

(3) 图线

在绘制总图时应该根据具体内容采用不同的图线，具体内容参照图线的使用。

(4) 单位

施工总平面图中的坐标、标高、距离宜以米为单位，并应至少取至小数点后两位，不足时以 0 补齐。详图宜以毫米为单位，如不以毫米为单位，应另加说明。

建筑物、构筑物、铁路、道路方位角（或方向角）和铁路、道路转向角的度数，宜注写到秒，特殊情况应另加说明。

道路纵坡度、场地平整坡度、排水沟沟底纵坡度宜以百分计，并应取至小数点后一位，不足时以 0 补齐。

(5) 坐标网格

坐标分为测量坐标和施工坐标。

测量坐标为绝对坐标，测量坐标网应画成交叉十字线，坐标代号宜用 X、Y 表示。施工坐标为相对坐标，相对零点通常选用已有建筑物的交叉点或道路的交叉点，为区别于绝对坐标，施工坐标用大写英文字母 A、B 表示。

施工坐标网格应以细实线绘制，一般画成 100m×100m 或者 50m×50m 的方格网，也可以根据需要调整，对于面积较小的场地可以采用 5m×5m 或者 10m×10m 的施工坐标网。

（6）坐标标注

坐标宜直接标注在图上，如图面无足够位置，也可列表标注，如坐标数字的位数太多，可将前面相同的位数省略，其省略位数应在附注中加以说明。

建筑物、构筑物、铁路、道路等应标注下列部位的坐标：建筑物、构筑物的定位轴线（或外墙线）或其交点；圆形建筑物、构筑物的中心；挡土墙墙顶外边缘线或转折点。

表示建筑物、构筑物位置的坐标，宜注其 3 个角的坐标，如果建筑物、构筑物与坐标轴线平行，可注对角坐标。

平面图上有测量和施工两种坐标系统时，应在附注中说明两种坐标系统的换算公式。

（7）标高标注

施工图中标注的标高应为绝对标高，如标注相对标高，则应注明相对标高与绝对标高的关系。

建筑物、构筑物、铁路、道路等应按以下规定标注标高：建筑物室内地坪，标注图中±0.00 处的标高，对不同高度的地坪，分别标注其标高；建筑物室外散水，标注建筑物四周转角或两对角的散水坡脚处的标高；构筑物标注其有代表性的标高，并用文字注明标高所指的位置；道路标注路面中心交点及变坡点的标高；挡土墙标注墙顶和墙角标高，路堤、边坡标注坡顶和坡脚标高，排水沟标注沟顶和沟底标高；场地平整标注其控制位置标高；铺砌场地标注其铺砌面标高。

巩固训练

用绘图铅笔抄绘园林施工总平面图，幅面大小为 A2，并上墨线。

自测题

1. 坐标网格中施工坐标和测量坐标有什么区别？
2. 施工图中标高有哪些要求？

知识拓展

项目 2
山水地形设计图绘制与识读

熟悉地形设计图和假山水景设计图的基本知识和形成原理；掌握地形设计图、假山水景设计图及施工图的绘制方法与识读技巧；能熟练绘制、准确识读地形设计图、假山水景设计图及施工图。

任务 2-1
绘制地形设计图

学习目标　【知识目标】
(1) 熟悉地形设计图的基本知识及形成原理。
(2) 掌握地形设计图的绘制方法与识读技巧。
【技能目标】
(1) 能准确识读地形设计图。
(2) 能熟练绘制地形设计图。

知识准备

1. 地形图基本知识

地形是地物形状和地貌的总称，具体指地表以上分布的固定性物体共同呈现出的高低起伏的各种状态。其中地物指自然形成或人工建成的具有明显轮廓的物体，自然地物如河流、森林等，人工地物如房屋、道路、桥梁等；地貌指地面的高低变化和起伏形状，如山地、丘陵、平原等。

地形图指的是地表起伏形态和地理位置、形状在水平面上的投影图。具体来讲，将地面上的地物和地貌按水平投影的方法（沿铅垂线方向投影到水平面上），并按一定的比例尺缩绘到图纸上，这种图称为地形图。

地形的平面表示主要采用图示和标注的方法。等高线法是最基本的图示方法，在此基础上可获得地形的其他直观表示法；标注法则主要用来标注地形上某些特殊点的高程。

1) 等高线法

等高线法是以某个参照平面为依据，用一系列等距离假想的水平面切割地形后所获得的交线的水平正投影图表示地形的方法，如图 2-2-1 所示。等高线法是科学性最强、实用价值最高的一种地形表示方法，主要缺陷是不够直观。

图 2-2-1　等高线法

2) 分层设色法

分层设色法是地形的另一种直观表示法，即在等高线的基础上，根据地形图的用途、区域特征等，将等高线划分出地形的若干高程带(层级)，并在每一层级范围内设置不同的颜色，以色调和色度的逐渐变化，直观地反映高程带数量及地势起伏变化的方法。该方法能醒目地显示地势各高程带的范围、不同高程带地貌单元的面积对比，具有一定的立体感与易读性，但却不能用来测量，地貌表示也欠精细。

分层设色法中，设置颜色的基本要求为：

①各层的颜色既要有区别又要渐变过渡，以保证地势起伏的连续性。

②各层色彩的对比应尽量表示地形的立体感。

③色彩的选择应适当考虑地理景观及人们的习惯，如用蓝色表示海洋，绿色表示低平原，用黄、棕、橘红、褐等色表示山地和高原，白色表示雪山冰川等。

3) 高程标注法

当需表示地形图中某些特殊的地形点时，可用十字或圆点标记这些点，并在标记旁注上该点到参照面的高程，高程常注写到小数点后第二位，这些点常处于等高线之间，这种地形表示方法称为高程标注法，如图 2-2-2、图 2-2-3 所示。高程标注法适用于标注建筑物的转角、墙体和坡面等顶面和底面的高程，以及地形图中最高和最低等特殊点的高程。因此，场地平整、场地规划等施工图中常用高程标注法。

项目 2　山水地形设计图绘制与识读

图 2-2-2　用标高点表示地形上某一特定点的高程

图 2-2-3　地形的高程标注法

4）地形剖、断面图表示法

等高线法、分层设色法、高程标注法只是运用不同的方式表示了地形的平面，而在地面设计中，为了更直观地表示某一方向处地形的起伏状况，还需作出地形剖面图、地形断面图。

（1）地形剖面图表示法

剖面图主要用来直观表示某条剖面线上地形的高低起伏状态和坡度的陡缓情况，广泛运用于地面工程设计和区域自然地理研究中。地形剖面图通常借助地形剖面线、地形轮廓线及植物的投影来表示。

①地形剖面线　首先在描图纸上按比例画出间距等于地形等高距的平行线组，并将其覆盖到地形平面图上，使平行线组与剖切位置线相吻合，然后借助丁字尺和三角板作出等高线与剖切位置线的交点（图2-2-4A），用光滑的曲线连接这些点并加深加粗，即可得到地形剖面线（图2-2-4B）。

②垂直比例　地形剖面图的水平比例与原地形平面图的比例一致，而垂直比例则可根据地形情况适当调整。当原地形平面图的比例过小、地形起伏不明显时，可将垂直比

图 2-2-4　地形剖面线的做法

图 2-2-5　地形剖面图的垂直比例

例扩大 5~20 倍。采用不同的垂直比例所作的地形剖面图的起伏不同,倍数越大,起伏越明显。当水平比例与垂直比例不一致时,应在地形剖面图上同时标出这两种比例。当地形剖面图需要缩放时,最好分别加上图示比例尺(图 2-2-5)。

垂直比例尺的确定有三看:看等高距;看相对高度(剖面线上相对高度的极大值或最大值);看倍数关系(相对高度是等高距的倍数)。

③地形轮廓线　在地形剖面图中除需要表示地形剖面线外,还需要表示地形剖断后没有剖切到但又可见的内容,这就需要用地形轮廓线来表示。

地形剖断后的可见景物称为地形轮廓线,求作地形轮廓线实质上就是求作该地形的外轮廓线和地形线的正投影。轮廓线法强调的是地物和地貌在空间立面构成的轮廓线,是设计构思反映在立面构图中的重要方法,能整体体现景物空间各部分的高低错落、景物深远和气氛意境,也是近实远虚透视法的处理手法。

如图 2-2-6A 所示,图中虚线表示垂直于剖切位置线的地形等高线的切线,将其向下

图 2-2-6 地形轮廓线、地形剖面图的做法

延长与等距平行线组中相应的平行线相交，所有交点的连线即为地形轮廓线。图 2-2-6B 中，树木投影的做法为：将所有树木按其所在的平面位置和所处的高度（高程）定到地面上，然后作这些树木的立面，并根据前显后藏、近实远虚的原则，擦除被挡住的图线，描绘出留下的图线，即得树木的投影。

图 2-2-7 不作地形轮廓线的剖面图

因有地形轮廓线的剖面图绘制较复杂，所以在平地或地形较平缓的情况下一般不作地形轮廓线（图 2-2-7），只有地形变化较复杂时才作地形轮廓线，以便加以辅助分析。

图 2-2-8 中的园景剖面图，是公园内某园景被一假想的铅垂面剖切后，沿某一剖视方向投影所得到的全剖面图，实际上就是由地貌剖面及地表上造园要素的剖面构成的。

图 2-2-8 园景剖面图

(2) 地形断面图表示法

用一假想的铅垂面剖切地形面，剖切面与地形面的截交线即为地形断面，将地形断面向某一剖视方向作正投影，并绘制相应的材料图例，称为地形断面图。如图 2-2-9 所示，以 A-A 剖切线的水平距离为横坐标，以高程为纵坐标，按等高距及地形图的比例尺画一组水平线，如 10、15、20、25⋯55，然后将剖切线 A-A 与地面等高线的交点 a、b、c⋯p 之间的距离量取到横坐标轴上，得 a_1、b_1、c_1⋯p_1。自点 a_1、b_1、c_1⋯p_1 引铅垂线，以与相应的水平线上的交点定出各点。光滑连接各点，并根据地质情况画上相应的材料图例，即得 A-A 处的地形断面图。断面处地势的起伏情况可以从断面图上形象地反映出来。

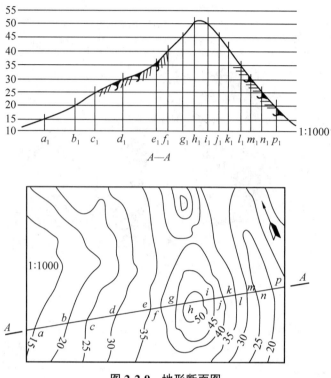

图 2-2-9 地形断面图

2. 地形设计图绘制原理

1)地形平面中等高线的形成

(1)等高线的形成原理

图 2-2-10A 中,有一地表面被假想的高程不同而间隔相等的一组水平面 P_1、P_2 和 P_3 所截,在各平面上得到相应的截交线,将这些截交线沿垂直方向向下投影到一个水平面 P 上,并按一定的比例尺缩绘在图纸上,便得到了表示该地表面的等高线。所以等高线就是地面上高程相等的相邻各点连成的闭合曲线,也就是水平面与地表面相交的曲线。

图 2-2-10 等高线的形成

①高程 地面上某点到海平面的垂直距离称为绝对高程，即海拔。目前我国采用的"1985年国家高程基准"，是以1950—1979年青岛验潮站观测资料确定的黄海平均海水面作为绝对高程基准面。

在局部地区可以附近任意一个具有一定特征的水平面作为基准面，以此得出所设计场地各点相对于基准面的垂直距离，称为相对高程。相对高程常用于局部地区的场地规划中。

②等高距 相邻等高线之间的高程差，即两相邻等高线截面 P 之间的垂直距离 h。同一幅地形图中的等高距是相同的。

③等高线平距 相邻两等高线之间的水平距离 d。由图2-2-10B可知，d越大，表示地面坡度越缓，反之越陡。等高线平距与地面坡度成反比。

用等高线表示地貌，等高距选择过大，就不能精确显示地貌；等高距选择过小，等高线密集，图面就不清晰。

（2）等高线的分类（图2-2-11）

①首曲线 又称基本等高线，指按一倍等高距绘制的等高线，用细实线表示。首曲线主要用来表示地貌的基本形态。

②计曲线 又称加粗等高线，指从规定的高程起算面起，每隔4个等高距将首曲线加粗为一条粗实线，以便在地图上判读和计算高程。

③间曲线 又称半距等高线，是用细长虚线按1/2等高距绘制的等高线，

图2-2-11 等高线的分类

主要用于高差不大，坡度较缓，单纯以首曲线不能反映局部地貌形态的地段。

④助曲线 又称辅助等高线，是用细短虚线按1/4等高距绘制的等高线，用来表示间曲线仍不能显示的某段个别地貌。

间曲线和助曲线只用于局部地段，除显示山顶、凹地时各自闭合外，一般只画一段；表示鞍部时，一般对称绘制，终止于鞍部两侧；表示斜面时，终止于山脊两侧。

（3）等高线的特点

①同一条等高线上各点的高程相等，相邻两等高线相差一个等高距。高程相等的点不一定在同一条等高线上。

②等高线为闭合曲线，无论怎样迂回曲折，终必环绕成圈，但在一幅图上不一定全部闭合。

③等高线一般不相交或重叠，只有在悬崖处等高线才可能出现相交情况；在某些垂直于地平面的峭壁、挡土墙或驳岸处等高线才会重合。

④等高线的水平间距的大小，表示地形的缓或陡。疏则缓，密则陡。

等高线的间距相等，表示该坡面的坡度相同；如果等高线从山顶向四周先密后疏，则为凹形坡（高密低疏）；如果等高线从山顶向四周先疏后密，则为凸形坡（高疏低密）；

如果该组等高线平直，则表示该地形是一处平整过的同一坡度的斜坡。

⑤等高线一般不能在图内中断，但遇道路、河流、房屋等地物符号和注记处可以局部中断。

⑥等高线与示坡线、分水线、汇水线垂直相交。

在等高线的数值不用数字标出的等高线图上，一般加一条垂直于等高线指向下坡方向的短线，表示坡度降低的方向，这种指示坡向的短线称为示坡线或降坡线。

⑦同一等高线两侧数值变化趋势相反。

(4) 典型地貌中等高线的形状特征

如图 2-2-12 所示，园林中的典型地貌包括山顶、凹地、山谷、山脊、鞍部、陡崖等。

图 2-2-12　园林中的典型地貌

①山顶　凡是凸出且高于四周的单独高地称为山，山的最高部位称为山顶（图 2-2-13A），其等高线闭合，且数值从中心向四周逐渐降低。

②凹地　比周围地面低，且经常无水的地势较低的地方称为凹地，大范围低地称为盆地，小范围低地称为洼地（图 2-2-13B），其等高线闭合，且数值从中心向四周逐渐升高。利用等高线区分山顶与凹地时，如果没有数值注记，可根据示坡线来判断。

③山脊　山顶向一个方向延伸的凸棱部分（图 2-2-13C），其等高线凸出部分指向海拔较低处，即等高线从高往低突，就表示山脊。山脊线指等高线向低处凸出的点的连线，又称分水线。

④山谷　相邻山脊之间的低凹部分（图 2-2-13D），其等高线凸出部分指向海拔较高处，即等高线从低往高突，就表示山谷。山谷线指等高线向高处凸出的点的连线，又称汇水线。

⑤鞍部　相邻两山头之间呈马鞍形的凹地（图 2-2-13E），两山顶之间等高线不相连的地方即为鞍部。

⑥陡崖与悬崖　多条等高线相互重叠在一起（图 2-2-13F）。

图 2-2-13 典型地貌的等高线特征

A. 等高线数值内大外小　B. 等高线数值内小外大　C. 等高线数值凸向低值

D. 等高线数值凸向高值　E. 两山顶之间等高线不相连的地方　F. 等高线相互重叠的地方

2）地形剖（断）面图的形成

地形剖（断）面图是在等高线地形图的基础上绘制而成的，它表示沿地表某一方向垂直切开的剖（断）面图形，用以表示该方向地形的起伏状况。

（1）地形剖（断）面图的绘制步骤

①确定地形剖面线。在等高线地形图上，根据景观表达要求，在作剖面线的两点之间作一条直线，作为等高线地形图的剖面线。

②确定比例尺。一般来说，剖面线的水平比例尺多采用原图的比例尺；垂直比例尺应视图中地形的起伏状况而定，大多要适当放大，以使剖（断）面图所表达的地形起伏更加明显。

③建立剖（断）面图坐标体系：

● 确定剖（断）面图的水平基线：因为剖（断）面图的水平比例尺一般与原图一致，所以剖（断）面图的水平基线与剖（断）面图长度相等。

● 确定纵坐标轴的高程：纵轴的高程应根据垂直比例尺确定，但图上的高程间距要与等高线地形图的等高距相等，标出各高程的数值，并通过各高程点作平行于剖（断）面图基线的高程线。

④找出等高线地形图中剖面线与等高线的交点，量出各点之间的距离，并将其转绘

到剖(断)面图基线的相应位置上。另外，等高线之间的地势最高点或最低点(如山顶、山谷)也要标出。

⑤过转绘到剖(断)面图基线上的各点作基线的垂线，标出各垂线与相应高程线的交点。

⑥把各交点用一条平滑的曲线连接起来，在剖(断)面图的下方，标出水平比例尺和垂直比例尺。

⑦根据前显后藏、近实远虚的原则，绘制植物等造景要素的立面投影。

[例 2-2-1] 如图 2-2-14A，已知剖面线 AB，求作地形剖(断)面图。

分析：因剖面线 AB 呈水平方向，故可直接向下作垂直投影。

步骤：

①确定剖面图的水平比例尺与垂直比例尺。通常地形剖面图的水平比例尺与地形图比例尺一致，而垂直比例尺则需要在水平比例尺的基础扩大 5~20 倍。

根据题意，所作剖面图的水平比例尺可定为 1∶50 000。由于原地形图的等高距为 50m，剖面线 AB 上的最高海拔接近 350m，最低海拔高度接近 50m，高差约 300m，因此用图上 1cm 代表垂直高度 50m 时，将要绘制的剖面图坐标系的纵坐标高度就成了 6cm。在这个高度上绘制的剖面图大小适中，并能很好地反映地面高低起伏的趋势，所以可将垂直比例尺定为 1∶5000，相当于水平比例尺的 10 倍。

②绘制剖面坐标系。在剖面线 AB 正下方的适当位置作水平基线 ab 作为横坐标，比例尺与 AB 相同(1∶50 000)，即 ab 与 AB 等长。

过 a、b 两点各作一条长 6cm 的垂线作为纵坐标。

根据前面分析可知，纵坐标上应以 1cm 为单位作出 1 个刻度(包括坐标原点)，每个刻度所对应的海拔如图 2-2-14 所示。

用线段连接左右纵坐标等高的刻度，它们都是水平基线的平行线。

③向下作 A、B 点的垂直投影及剖面线与等高线的交点。用垂直投影的方法从等高线图上 A、B 点及剖面线与等高线的交点向下引垂线，引到剖面坐标系中相应高度，并用圆点标注。

④将标出的点连成平滑曲线，形成剖面线。

⑤在剖面图下方标明水平比例尺 1∶50 000，垂直比例尺 1∶5000。

[例 2-2-2] 在图 2-2-14B 中，已知剖面线 AB，求作地形剖(断)面图。

分析：因剖面线 AB 呈倾斜方向，故可通过量取标注向上垂直投影的方法得解。

步骤：

①确定剖面图的水平比例尺与垂直比例尺。根据题意，所作剖面图的水平比例尺可定为 1∶10 000。由于原地形图的等高距为 20m，剖面线 AB 上的最大海拔接近 600m，最小的海拔高度接近 480m，高差约 120m，因此用图上 1cm 代表垂直高度 20m 时，将要绘制的剖面图坐标系的纵坐标高度就成了 6cm。在这个高度上绘制的剖面图大小适中，并能很好地反映地面高低起伏的趋势，所以可将垂直比例尺定为 1∶2000，相当于水平比例尺的 5 倍。

②绘制剖面坐标系。在剖面线 AB 正下方的适当位置作水平基线 ab 作为横坐标，比例尺与 AB 相同(1∶10 000)，即 ab 与 AB 等长。

图 2-2-14 地形剖(断)面图的做法

过 a、b 两点各作一条长 6cm 的垂线作为纵坐标。

根据前面分析可知，纵坐标上应以 1cm 为单位作出 1 个刻度(包括坐标原点)，每个刻度所对应的海拔如图 2-2-14B 所示。

用线段连接左右纵坐标等高的刻度，它们都是水平基线的平行线。

③量取标注 A、B 点的垂直投影及剖面线与等高线的交点。在等高线图中标出剖面线 AB 与各等高线的交点，这些交点分别用 1、2、3、4、5、6、7 来表示，然后量出 $A\sim$1、1$\sim$2、2$\sim$3、3$\sim$4、4$\sim$5、5$\sim$6、6$\sim$7、7$\sim B$ 各段距离，并把它们标注在水平基线 ab 上，得到 1′、2′、3′、4′、5′、6′、7′，使 $A\sim 1=a\sim 1'$、1$\sim$2$=1'\sim 2'$、2$\sim$3$=2'\sim 3'$、3$\sim$4$=3'\sim 4'$、4$\sim$5$=4'\sim 5'$、5$\sim$6$=5'\sim 6'$、6$\sim$7$=6'\sim 7'$、7$\sim B=7'\sim b$，接着通过水平基线各点向上作基线的垂线，垂线端点的高度按等高线图中对应各点的海拔来确定，并用圆点标注。

④将标出的点连成平滑曲线，形成剖面线。

⑤在剖面图下方标明水平比例尺 1:10 000，垂直比例尺 1:2 000。

（2）根据剖(断)面图确定剖面线的方法

①观察剖面线所经过的地形部位(如山峰、盆地等)的最高等高线、最低等高线等，看剖面图与等高线图是否一致。

②观察剖面线与等高线交点中的一些关键点，如起点、中点、终点等，看这些点在等高线图上的高度与剖面线的高度是否相同。

③观察剖面线与最高(最低)等高线相交的两点之间的区域高度，在剖面图上是否得到正确的反映。

如图 2-2-15 中的地形剖面图是根据剖面线 AB 画出的。从剖面图可看出，一端起点约 100m，其邻近的最高

图 2-2-15 根据剖(断)面图判断剖面线

峰逾 600m，鞍部高为 200~300m，第二高峰逾 500m，另一端点逾 300m，符合条件的只有 AB 剖面。

任务实施

地形设计图是根据设计平面图及原地形图绘制的地形详图，它借助标注高程的方法，表示地形在竖直方向上的变化情况，是造园工程土方调配预算和地形改造施工的主要依据。

地形设计图主要表达地形地貌、建筑及小品、园林植物和园路系统等各种造园要素的坡度与高程等内容，包括各景点、景区的主要控制高程，场地高程，建筑物室内、室外地坪高程，园路主要转折点、交叉点、变坡点的高程和护坡坡度，地形现状及设计高程等。

1. 绘制工具

2 号图板及配套的丁字尺、三角板、曲线板；圆规、建筑模板等。打底稿时要求用硬铅笔，加粗可用软铅笔；墨线图直接在检查无误的底稿上用不同粗细的针管笔绘制即可。课堂训练一般用 A4、A3 幅面的打印纸绘制，课外作业（含考核作业）必须用 A3、A2 幅面的正规图纸绘制。其他辅助工具有刀片、橡皮等。

2. 地形设计图绘制方法

（1）平面图

①绘图比例及等高距　平面图比例尺选择与总平面图相同。等高距根据地形起伏变化大小及绘图比例选定，绘图比例为 1∶200、1∶500、1∶1000 时，等高距分别为 0.2m、0.5m、1m。

②绘制等高线和水位线　根据地形设计，选定等高距，用细虚线绘制设计地形等高线，用细实线绘制原地形等高线，汇水线和分水线用细单点长画线绘制。等高线上应标注高程，等高线上的标注应顺着等高线的方向，高程数字处等高线应断开，高程数字的方向指向上坡方向，数字要排列整齐。周围平整地面高程为±0.00，高于地面为正，数字前"+"号省略；低于地面为负，数字前应注写"-"号。高程数字单位为 m，总图中要求保留两位小数，详图中要求保留小数点后第三位。

对于水体，用特粗实线表示水体边界线，即驳岸线。当湖底为缓坡时，用细实线绘制湖底等高线，同时标注高程，并在高程数字处将等高线断开；当湖底为平面时，用标高符号标注湖底高程，标高符号下面应加画短横线和 45°斜线表示湖底，如图 2-2-16 所示。除注水底高程外，还应标注水体的最高水位、常水位。

③标注建筑、山石、道路、广场高程　将设计平面图中的建筑、山石、道路、广场等位置按外形水平投影轮廓绘制到地形设计图中，其中建筑用中粗实线，山石用粗实线，广场、道路用细实线，如图 2-2-17 所示。建筑物、构筑物应标注室内外地面控制点标高，以箭头指向所在位置。山石用标高符号标注最高部位的标高。如图 2-2-18 所示，道路高程一般标注在起点、转折点、变坡点和终点，广场、停车场、运动场地的控制点设计标高，指定高程点可用三角形表示，也可用小圆表示，其中现状高程为小圆，设计高程点为小圆加十字。

④标注排水方向　排水方向用箭头表示，指向下坡，并在箭头上标注排水坡度。雨

图 2-2-16 某游园地形设计图

水的排除一般采取就近排入园中水体，或排出园外的方法（图 2-2-17）。

道路、广场或铺装等区域除了标注排水方向和排水坡度，还要标注坡长，即两点距离。一般排水坡度标注在坡度线的上方，坡长标注在坡度线的下方（图 2-2-18）。

⑤绘制方格网　为了便于施工放线，地形设计图中应设置方格网，用细实线绘制。设置时，尽可能使方格某一边落在某一固定建筑设施边线上（便于将方格网测设到施工现场）。每一网格边长可为 5m、10m、20m 等，按需而定，其比例与图中一致。方格网应按顺序编号，通常横向从左到右，用阿拉伯数字编号，纵向自下而上，用大写英文字

图 2-2-17　绿地、广场、建筑在地形设计图中的表示

图 2-2-18　道路在地形设计图中的表示

母编号（I、O、Z 除外）。按测量基准点的坐标，标注出纵横第一网格坐标。面积比较小或环境不是很复杂时也可以不作网格。

⑥注写设计说明　用简明扼要的语言，注写设计意图，说明施工的技术要求及做法等，或附设计说明书。

⑦其他　绘制比例、指北针，注写标题栏等。

（2）立面图、断面图与剖面图

在竖向设计图中，为使视觉形象更直观和表达实际形象轮廓，或因设计方案进行推敲的需要，可以绘出立面图，即正面投影图，使视点水平方向所见地形、地貌一目了然。

根据景观表达需要，在重点区域、坡度变化复杂的地段，还应绘出剖面图或断面图，以便直观地表达该剖面上竖向变化情况。

3. 识读技巧

（1）看图名、比例、指北针、文字说明

了解工程名称、设计内容、所处方位和设计范围。

（2）看等高线的含义

观察等高线的分布及高程标注，了解地形高低变化，观察水体深度及与原地形对比，了解土方工程情况。

从图 2-2-16 可见，该园水池居中，接近方形，池底平整，标高均为 -0.80m。游园的东、西、南部分布坡地土丘，高度在 0.60~2.00m 之间，以东北角为最高，结合原地形高程可见中部挖方量较大，东北角填方量较大。

从图 2-2-17 可见，广场北侧的草地地形起伏，相对高差为 0.20m，高度在 5.30~5.70m 之间。

（3）看建筑、山石和道路高程

从图 2-2-16 可见，六角亭置于标高为 2.40m 的山石上，亭内地面标高 2.70m，成为全园最高景观。水榭地面标高为 0.30m，拱桥桥面最高点为 0.60m，曲桥标高为 ±0.00。园内布置假山 3 处，高度在 0.80~3.00m，西南角假山最高。园中道路较平坦，除南部、东部部分路面略高以外，其余均为 ±0.00。

从图 2-2-17 可见，广场中几处建筑室内地坪标高为 5.10m；该广场有两处标注标高为 4.80m，并位于一条直线上；广场坡度为 0.5%，南高北低。

从图 2-1-18 可见，道路两个交叉口中心标高为 4.70m 和 5.05m，坡度为 1%，长度为 35m，东高西低。

（4）看排水方向

从图 2-2-16 可见，该园利用自然坡度排出雨水，大部分雨水流入中部水池，四周流出园外；从图 2-2-17 可见，在广场北边缘处有排水口，排水方向由南向北；从图 2-2-18 可见，道路排水方向由东向西。

（5）看坐标，确定施工放线依据

一般地形设计图中标有绝对坐标和相对坐标方格网。绝对坐标属于测量坐标系（测绘院提供），是与国家或地方的测量坐标系相关联的，两轴分别以 X、Y 表示；测量坐标系的 X 轴方向是南北向并指向北；Y 轴是东西向并指向东。即在上北下南的平面图中，水平方向的坐标轴是 Y 轴，垂直方向的坐标轴是 X 轴。相对坐标属于建筑（施工）坐标系，一般是由设计者自行制定的坐标系，它的原点由制定者确定，两轴分别以 A、B 表示；其主要作用是标定平面图内各建筑物之间的相对位置及与平面图外其他建筑物或参照物的相对位置关系。如果总平面图中有两种坐标系，一般都要给出两者之间的换算公式。

巩固训练

某庭院地形模型制作训练，小组协作完成。

自测题

1. 地形平面的表示方法有哪几种？
2. 地形剖面图的绘制方法有哪些步骤？
3. 等高线的特点有哪些？等高线有哪几种不同的类型？
4. 不同地貌下等高线的形状特征有何不同？

数字资源

任务 2-2 绘制与识读假山水景设计图

学习目标

【知识目标】
(1)熟悉假山水景设计图的基本知识。
(2)掌握假山水景设计图的绘制方法和识读技巧。

【技能目标】
(1)能熟练绘制假山水景设计图。
(2)能识读假山水景设计图。

知识准备

1. 假山水景设计图基本知识

假山工程是以土石为材料，以自然山水为蓝本并加以艺术提炼与夸张，人工再造的山水景物。假山是具有中国园林特色的人造景观，它作为中国自然山水园的基本骨架，对园林景观组合、功能空间划分起到十分重要的作用。假山水景工程是园林建设的专业工程，假山水景设计图是指导假山水景施工的技术性文件。

1)常见园林山石的表现技法

我国园林常见的山石有湖石、黄石、英石、青石、石笋石等。不同的山石其质感、色泽、纹理、形态等特性都不一样，画法也不同。而且山石的组成形式与功用也不同，表现的方法也有差异。在绘制时应根据不同的石材的纹理、形状和质感，采用不同的表现方法(图 2-2-19)。

图 2-2-19 假山石种类

（1）湖石

湖石是经过熔融的石灰岩。其特点是纹理纵横、脉络显隐，石面上遍布坳坎，很自然地形成沟、缝、穴、洞，窝洞相套，玲珑剔透。在画湖石时，首先用曲线勾勒出湖石轮廓线；再以随形线条表现纹理的自然起伏；最后利用深淡线点组合，着重刻画出大小不同的洞穴。为了画出洞穴的深度，常常用笔加深其背光处。

（2）灵璧石

产于安徽省灵璧县。石产土中，多被赤泥渍满，须刮洗方显本色。其石中灰色且甚为清润，质地亦脆，用手弹亦有共鸣声。石面有坳坎的变化，石形多变，石眼少，须借人工修饰以全其美。这种山石可掇山石小品。

（3）黄石

黄石是一种带橙黄色的细砂岩。山石形体顽劣，见棱见角，石纹古拙，轮廓分明，节理面近乎垂直，雄浑沉实、平整大方，块钝而棱锐，具有强烈的光彩效果。画黄石多用平直转折线，表现块钝而棱锐的特点。为加强石头的质感和立体感，在背光面常加重线条或用斜线加深。

（4）石笋石

石笋石为外形修长如竹笋的一类山石的总称。其形状修长，为竹叶状石灰岩，呈淡灰绿、土红色，带有眼窝状凹陷，表面有些纹眼嵌卵石，有些纹眼嵌空。产于浙、赣常山、玉山一带。石皆卧于山土中，采出后直立地上。园林中常作独立小景布置，多与竹类配置，绘制时首先要掌握好比例，以表现修长之势。而表现的细部纹理则根据其个性特点刻画。如纹眼嵌卵石，则着重刻画石笋石中的卵石，表现卵石嵌在石中；若纹眼嵌空，则利用深浅线点，着重刻画窝点；对乌炭笋石，以斧劈线条表示。

钟乳石笋即将石灰岩经熔融形成的钟乳石倒置，或用石笋石正放用以点缀景色。如北京故宫御花园就是用这种石笋石作特置小品。绘图时，利用长短不同随形线条表示。

（5）黄蜡石

黄蜡石色黄，表面油润如蜡，有的浑圆如卵石，有的石纹古拙、形态奇异，多块料而少有长条形。由于其色优美明亮，常以此石作孤景，或散置于草坪、池边和树荫之下。在广东、广西等地广泛运用，与此石相近的还有墨石，多产于华南地区，色泽褐黑，丰润光洁，极具观赏性，多用于卵石小溪边，并配以棕榈科植物。

（6）英石

英石为石灰岩，色呈青灰、黑灰等，常夹有白色方解石条纹。产于广东英德一带。英石节理天然，褶皱繁密。绘图时用平直转折线条表现棱角特点，用深浅线条表现涡洞，粗细线条表示褶皱繁密，表现出明暗对比。

（7）青石

青石为细砂岩，色青灰，具有交叉互织的斜纹，无规整解理面，形体多呈片状，故有"青云片"之称。绘图时注意该石多层片状的特点，水平线条要有力，侧面要用折线，石片层次应分明，搭配要错落有致。

山石具体表现方法与步骤如下：

图 2-2-20 山石画法

①根据山石特点,将它们概括为简单的几何形状,用细实线画出山石主体几何基本轮廓(图 2-2-20)。

②用细实线画出山石纹理、脉络,立面图或切割,或垒叠出山石的基本轮廓。

③依据山石的形状特征及阴阳背面,依廓加皱,描深线条,反映出明暗光影,体现出质感和立体感。

④检查并完成全图。

2)常见园林水体的表现技法

水体的表现主要是指水面的表现。水有静水和动水之分。动水又有水平动水(波纹)和垂直动水(瀑布、跌水、喷水等)之分。

(1)静水

静水是相对静止不动的水面。它常以湖、溏、池、泉成片状汇集的水面出现。表现静水宜用平行直线或小波纹线,线条要有疏密的虚实变化,以表现水面的空间感和光影效果。

(2)动水

动水是静止的水面由于风等外力的作用而形成的微波起伏。表现动水水面多用波形或锯齿形线。水体的水面表示也可利用装饰性线条或图案(图 2-2-21)。

图 2-2-21 水面线型表现

A. 静水　B. 动水

在平面图中，水体还可用等深线法和添景物法等间接表现法。等深线法常用于中国古典园林中的水体平面表现，水体驳岸配于置石，模仿自然江湖水岸之意。用粗实线画水池轮廓，池内画2~3条随水池轮廓的细线，细线间距不等，线条自然流畅（图2-2-22A）。添景物法是利用与水面有关的一些内容（如荷花、睡莲、船只、码头、驳岸等）及周围的水纹线表示水面（图2-2-22B）。瀑布和跌水等要表现的是垂直动水，宜用垂直直线或弧线表现。

A

B

图2-2-22　水面间接表现

3）假山设计图类型与特点

假山是以土、石为料的人工山水景物。包括假山和置石两部分。

假山根据使用材料不同，分为土山和石山两种类型。零星点缀的山石称为置石。

（1）假山设计图类型

假山施工图主要包括平面图、立体图、剖（断）面图、基础平面图，对于要求较高的细部，还应绘制详图说明。

① 平面图　表示假山的平面布置、各部的平面形状、周围地形和假山所在总平面图中的位置，如图2-2-23所示。

图2-2-23　假山平面图

② 立面图　表现山体的立面造型及主要部位高度。与平面图配合，可反映出峰、峦、洞、壑的相互位置，如图2-2-24所示。

图2-2-24　假山南立面图

③ 剖（断）面图　表示假山某处内部构造及结构形式，断面形状，材料、做法和施工要求，如图2-2-25所示。

④ 基础平面图　表示基础的平面位置及形状、基础的构造和做法，当基础结构简单时，可同假山剖面图绘在一起或用文字说明。

图2-2-25　假山剖面图

（2）假山设计图的特点

假山施工图中，由于山石素材形态奇特，因此，不可能也没有必要将各部尺寸一一标注，一般采用坐标方格网法控制。为了完整地表现山体各面形态，便于施工，一般应绘出前、后、左、右4个方向立面图。

4) 水景设计图类型与特点

开池理水是园林设计的重要内容，水景工程是与水体造园相关的所有工程的总称。

园林中的水无定形，它的形态是由山石、驳岸等来限制的，掇山与理水不可分。理水也是排泄雨水，防止土壤冲刷，稳固山体和驳岸的重要手段。

（1）水景工程图的类型

水景形式和种类众多，根据水体的动静关系，可将园林中水景划分为静态水景与动态水景两大类。静态水景又可分为规则式和自然式、混合式等类型。规则式水景多为规则式的水池，有方形和长形；自然式水景则多为自然式湖泊；混合式水景则既包括规则式又包括自然式。动态水景包括溪流、瀑布、溪涧、跌水、喷泉等。

水景工程设计一般也要经过规划、初步设计、技术设计和施工设计几个阶段。每个阶段都要绘制相应的图样。主要表达水景工程构筑物(如驳岸、码头、喷水池等)的图样称为水景工程图，图2-2-26为某水景工程的平面布置图、结构图及效果图。

常见的水景工程，一类是利用天然水源(河流、湖泊)和现状地形修建的景观，如驳岸、码头、溪流瀑布、引水渠道和水闸等；另一类是完全依靠喷泉设备造景，如音乐喷泉、程序控制喷泉、旱地喷泉、雾化喷泉等，几何形水池、跌水槽等，多配合雕塑、花池运用，如雕塑喷泉等。

水景工程图主要有总体布局图、构筑物结构图和水池工程施工图。

①总体布局图　总体布局图主要表示整个水景工程各构筑物在平面和立面的布置情况。总体布局图是以平面布置图为主，必要时配置立面图。平面图一般画在地形图上。一般在图纸上用图例的方法表示该水景工程的位置，特别是外形轮廓，同时还需要在图中注写构筑物的外形轮廓尺寸和主要定位尺寸，主要部位的高程和填挖方坡度。

总体布局图的内容包括：工程设施所在地区的地形现状、河流及流向、水面、地理方位(指北针)等；各工程构筑物的相互位置、主要外形尺寸、主要高程；工程构筑物与地面的交线、填挖方的边坡线。

②构筑物结构图　是以水景工程中某一构筑物为对象的工程图。包括结构布置图、分部和细部构造图以及钢筋混凝土结构图。构筑物结构图必须把构筑物的结构形状、尺寸大小、材料、内部配筋及相邻结构的连接方式等都清楚表达。

构筑物结构图的内容包括：工程构筑物的结构布置、形状、尺寸和材料；构筑物分部和细部构造图；钢筋混凝土结构图；工程构筑物与地基的连接方式；相邻构筑物的连接方式；构筑物的工作条件，如常水位和最高水位等。

③水池工程施工图　人工水池与天然湖池的区别，一是采用各种材料修建池壁和池

底,并有较高的防水要求;二是采用管道给排水,修建闸门井、检查井、排放口和地下泵站等附属设备。

喷水池土建部分用喷水池结构图表达,常见的水池结构有两种:一种是砖石壁水池,池壁用砖墙砌筑,池底采用素混凝土或钢筋混凝土(图2-2-26);另一种是钢筋混凝土水池,池壁和池底都采用钢筋混凝土结构(图2-2-27)。

图2-2-26 水景设计图

喷水池的防水做法多是在池底上表面和池壁内外墙面抹20mm厚防水砂浆。北方水池还有防冻要求,可以在池壁外侧回填时采用排水性能较好的轻骨料如矿渣、焦渣或级配砂石等。喷水池可根据需要建成地面上、地面下或者半地上半地下的形式。

喷水池结构图的内容包括:水池各组成部分的位置、形状和周围环境的平面布置

图 2-2-27　钢筋混凝土喷水池

图 2-2-28　墩台掀土平面图

图 2-2-29　码头平面图

图，喷水造型的外观立面图，结构布置的剖面图和池壁、池底结构详图和配筋图。

（2）水景设计图的特点

水景是园林中最活跃的景观。中国古典园林和现代园林中的理水艺术的不同，使得园林水景生机盎然，景象万千，创造出了生动逼真、惬意舒适、多姿多彩的园林水景观。水已经成为现代园林水景观中一个不可缺少的园林要素。公园、游园、广场，都因有了水而形成动静结合、层次分明、更富有艺术性的景点和景区。

水体的运用在园林中起着重要的作用，水景观不同，水景设计图的表现就不同，并具有不同的特点。

①水景总平面图一般画在地形图上，用方格网表现各水景工程的具体位置。

②水景工程构筑物，如基础、驳岸、水闸、水池等许多部分被土层覆盖，可以假想将土层拆掉或掀掉（图 2-2-28），所以剖面图和断面图应用较多。

当构筑物有几层结构时，在同一视图内可按其结构层次分层绘制，相邻层次用波浪线分界，并用文字在图形下方标注各层名称。如图 2-2-29 所示，码头的平面图采用分层剖面表示。

③在水景设计图上，应标注常水位、最高水位和最低水位。

水景工程近年来在建筑领域广泛应用，其发展速度很快。

2. 假山水景设计图绘制原理

1）假山设计图形成原理

假山工程施工图包括平面图、立面图（或透视示意图）、剖面图和详图（图 2-2-30）。

（1）平面图

假山平面图是在水平投影面上表示假山，根据俯视方向所得假山的形状结构的图样。内容包括：假山山石的平面位置和尺寸；山峰制高点、山谷、山洞的平面位置、尺寸及各处的高程；假山周围的地形、地貌，如构筑物、地下管道、植物和其他造园设施的位置、大小及山石的距离。

图 2-2-30　假山设计图

（2）立面图

假山立面图是在与假山立面平行的投影面上所作的假山投影图。内容包括：表示假山的峰、峦、洞等各种组合单元的变化及相互位置关系、高程。具体为山石的层次、配置的形式；用石的形状和大小；与植物及其他设施、设备的关系。一般也可用绘制类似造型效果的示意图或效果图来代替。

（3）剖面图

假山剖面图是用假想的剖切平面将假山剖开后所得到的投影图。内容包括：表示假山、山石的断面外形轮廓及大小；假山内部及基础的结构和构造形式、位置关系及造型尺度；有关管线的位置及管径的大小；植物种植地的尺寸、位置和做法；假山、山石各山峰的控制高程；假山材料、做法和施工要求。假山剖面图的数量及剖切平面位置的选择，应根据假山形状结构和造型复杂程度的具体情况及表达内容的需要而定。

（4）详图

一般有内部结构需要表达的部位，如山石洞结构的表示，瀑布成形地势造型及跌水成形地势造型等；山石造型形状较复杂，对断面造型尺寸有特殊要求的部位或需要表示内部分层材料做法的部位，如堆石手法、接缝处理、基础做法等，应当绘制剖面图，必要时对上述内容还可用详图表示。

2）水景设计图形成原理

水景施工图包括平面图、立面图、剖面图、管线布置平面图、详图等。

常见的水景工程包括湖池工程、溪涧工程、瀑布工程、喷泉工程。在工程中除表达工程设施的土建部分外，还有机电、管道、水文地质等专业知识。下面以喷泉设计为例，介绍水景设计图形成原理。

（1）平面图

平面图主要表示水景在水平投影面上俯视所得的平面图样（图2-2-31），它反映水体的平面形状、布局及周围环境。

图2-2-31 喷水池平、立面图

（2）立面图

立面图表示水景在与水景立面平行的投影面上所作的立面投影图。它表示水体立面高度的变化，水体池壁顶与附近地面高差变化，池壁顶形状及喷水池的喷泉水景立面造型。立面设计反映主要朝向各立面处理的高度变化和立面景观。水池池壁顶与周围地面要有适宜的高度关系，既可高于路面，也可以持平或低于路面做成沉床水池。池壁顶可做成平顶、拱顶和挑伸、倾斜等多种形式。水池与地面相接部分做成凹入的变化。

（3）剖面图

剖面图主要表示用假想的剖切平面将水景剖开后所得到的投影图。图 2-2-32 是某水钵剖面图，它表示水钵剖断面的分层结构、材料等，要求标注池岸、池底、进水口、泄水口、溢水口的标高，还应标注常水位、最高水位和最低水位的标高。剖面应有足够的代表性，要反映从地基到壁顶各层材料的厚度及标高情况。

图 2-2-32　水钵剖面图

（4）管道布置平面图

管道布置平面图反映管道、水泵、喷嘴的布置情况，标注相关位置尺寸和规格型号（图 2-2-33）。也可用轴测图表现，反映喷泉管道系统各组成部分的相互关系，具有直观性和立体感。

（5）详图

详图主要表示物体的局部结构，用较大比例画出的图样，称为局部放大图或详图。详图主要表现节点细部的结构及说明，同时在原图上用细实线圈表示需要放大的部位，标注索引标志和详图标志。节点大样图反映喷水池中局部节点的详细做法。图 2-2-32 中节点 A 的局部放大图或详图如图 2-2-34 所示。

喷泉主要材料表反映喷泉的主要设备材料的规格、型号、数量和相关的技术参数。设计说明反映设计意图、材料要求和施工中应注意问题。可选择 1∶200 的常用比例作为

图 2-2-33 喷水池管道布置图

图 2-2-34 节点详图

平面图绘图比例,选择 1∶20 常用比例作为剖面图绘图比例。

任务实施

1. 绘制工具

图板、丁字尺、三角板、比例尺、曲线板、绘图笔及其他辅助工具仪器等;绘图纸、描图纸、墨水等。

2. 绘制方法

(1)假山设计图绘制方法

①绘制平面图 假山平面设计图的绘制是在水平投影面上表示俯视所得的假山形状、结构图样,具体可按标高投影作图法绘制,如图 2-2-35 所示。假山平面图作图比例可取 1∶20~1∶100,计量单位为毫米(mm)。

第一步,绘制定位轴线和直角坐标网格,间距单位是米(m)或毫米(mm)。为绘制各高程位置的水平形状及大小提供绘制控制基准。平面图以长度为横坐标,宽度为纵坐标,网格的大小根据所需精度而定。对于要求精细的局部,可以用细小的网络示出,坐标网络的比例应与总平面图中比例一致。

第二步,画出平面形状轮廓线。绘出底面、顶面及其间各高程位置的平面轮廓,采用不同线型区分层次,根据标高投影法绘制,但不注写高程。

项目2 山水地形设计图绘制与识读

图 2-2-35 假山平面图

第三步，检查底图，并描深图形。对山石的轮廓线应根据前面讲述的山石表现方法加深，其他图线用细实线表示。

第四步，注写尺寸数字和文字说明。注明直角坐标网格的尺寸数字和有关高程，注写轴线编号、剖切位置线、图名、比例及其他有关文字说明。

第五步，绘出指北针或风玫瑰图，填写标题栏等。

②绘制立面图 假山立面图是最适宜表示假山造型和气势的施工图。主要表示假山的整体形状、特征、气势和质感（图2-2-36）。

图 2-2-36 假山立面图

绘图方法与步骤：

第一步，画出定位轴线，并画出以长度方向尺寸为横坐标、高度方向尺寸为纵坐标的直角坐标方格网，作为绘图的控制基准。

第二步，画假山的基本轮廓，绘制假山的整体轮廓线，并利用切割或叠加的方法，逐步画出各部分基本轮廓。

第三步，依廓加皱，描深线条，根据假山的形状特征、前后层次、阴阳背面，依廓

131

加深，体现假山的气势和质感。

第四步，注写数字、轴线编号、图名、比例及有关文字，完成作图。

③绘制剖面图 主要表示假山、山石的断面外形轮廓及大小(图2-2-37)。

图 2-2-37 假山剖面图

绘图方法与步骤如下：

第一步，画出图形控制线。图中如有定位轴线则先画出定位轴线，再以宽度为横坐标、高度为纵坐标画出直角坐标网。

第二步，画出截面轮廓线。在加深图线时，剖切轮廓线用粗实线表示，纹理线用细实线表示。

第三步，画出其他细部结构。

第四步，检查底图并加深图线。

第五步，标出尺寸、标高及文字说明，注写直角坐标值及必要的尺寸和主要标高，注写轴线编号、图名、比例及有关文字说明。

假山基础的设计要根据假山类型和假山工程规模而定。人造土山和低矮的石山一般不需要基础,山体直接在地面上堆砌。高度在3m以上的石山,就要考虑设置适宜的基础了。一般来说,高大、沉重的大型石山,需选用混凝土基础或块石浆砌基础;高度和重量适中的石山,可用灰土基础或桩基础。

(2) 水景设计图绘制方法

①绘制水景总体布局图　一般画在地形图上。为了使图形主次分明,结构图的次要轮廓线和细部构造均省略不画。总体布局图的绘图比例一般为1:200~1:500。

总体布局图的绘制步骤如下:

第一步,用细实线画出坐标网。根据工程设施所在地区的地形现状,画出河、湖、溪、泉等水体及其附属物的平面位置。按水体形状画出各种水景的驳岸线、水池、山石、汀步、园桥平面位置。

第二步,注写各工程构筑物主要外形尺寸,并分段注明岸边及池底的设计标高,用粗线将岸边曲线画出,用粗实线加深山石等。

第三步,画出工程构筑物与地面的交线,填挖方的边坡线。

②绘制构筑物结构图　必须把构筑物的结构形状、尺寸、材料、内部配筋及相邻结构的连接方式等都表达清楚。绘图比例一般为1:5~1:100。

构筑物结构图的绘制步骤如下:

第一步,画出构筑物的结构形状及周围细部结构图。

第二步,画出水体平面及高程有变化的地方,包括水体的驳岸、池底、山石、汀步及岸边的处理关系。

第三步,绘制各部分内部配筋及材料做法,标注最高水位、常水位、最低水位的标高。

第四步,加深钢筋线型,注写分层材料结构,标注尺寸。

第五步,检查图形,完成作图。

③绘制喷水池工程图　喷水池的面积和深度较小,一般仅几十厘米至1m左右。常见的喷水池结构有两种:一种是钢筋混凝土水池;一种是砖石壁水池,池底是钢筋混凝土。完整的喷水池还必须设有供水管、补给水管、泄水管和溢水管及沉沙池(图2-2-38)。一般游园中管道综合平面图常用比例为1:300~1:2000。喷水池管道平面图能显示该小区范围内管道即可。常用比例为1:50~1:200。

新建的各种给排水管用粗线,原有的给排水管用中粗线。给水管用实线,排水管用虚线。

管道平面图中的房屋、道路、广场、围墙、草地、花坛等原有建筑物和构筑物按总平面图的图例用细实线绘制,水池等新建建筑物和构筑物用中粗线绘制。

喷水池管道的绘制步骤如下:

第一步,绘制喷水池管道周围各组成部分的大小、形状。

第二步,绘制喷水池管道的布置图(见图2-2-33),平面图主要表示区域内管道水平布置,剖面图主要表示各种管道的立面位置、池壁、池底结构详图或配筋图。

第三步,标注尺寸,注写图例表。注意管道直径均为公称直径DN,阀门画法应符合国标。

图 2-2-38　某小区水池施工平面图

第四步，绘制指北针，注写图名、比例。

第五步，认真填写标题栏，检查图形，完成作图。

3. 识读技巧

（1）识读假山设计图

①看标题栏及说明　如图 2-2-39 所示，从标题栏及说明中了解工程名称、材料和技术要求。本例为驳岸式假山工程。

图 2-2-39 假山设计图

②看平面图 从平面图中了解比例、方位、轴线编号，明确假山、平面形状和大小及其周围地形等，了解假山、山石的平面位置，周围地形，地貌及占地面积和尺寸；如图 2-2-39 所示，该山体位于横向轴线 12、13 与纵向轴线 G 的相交处，长约 16m，宽约 6m，呈狭长形，中部设有瀑布和洞穴，前后散置山石，倚山面水，曲折多变，形成自然式山水景观。

③看立面图 从立面图中了解山体各部的立面形状及其高度，结合平面图辨析其前后层次及布局特点、领会造型特征。了解假山的造型、气势及层次，山峰制高点，山谷、山洞的平面位置、尺寸和控制高程。从图中可见，假山主峰位于中部，高为 6m，位于主峰右侧 4m 高处设有两跌瀑布，瀑布右侧有洞穴及谷壑，形成动、奇、幽的景观效果。

④看剖面图 对照平面图的剖切位置、轴线编号，了解断面形状、结构形式、材料、做法及各部高度。了解山石的配置形式，假山的基础结构及做法，从图中可见，1-1 剖面是过瀑布剖切的，假山山体由毛石挡土墙和房山石叠置而成，挡土墙背靠土山，山石假山面临水体，两级瀑布跌水标高分别为 3.80m 和 2.30m。2-2 剖面取自较宽的轴线 13 附近，谷壑前散置山石，增加了前后层次，使其更加幽深。

⑤看基础平面图及基础剖面图 了解基础平面形状、大小、结构、材料、做法等。由于本例基础结构简单，基础剖面图绘在假山剖面图中，毛石基础底部标高为 −1.50m，顶部标高为 −0.30m。具体做法详见说明。

（2）常见水景工程图的识读

水景设计图标明水体的平面位置、形状、深浅及工程做法。平面图反映出园林水体的形状和大小面积等，详图反映出园林水体各部分材料构造及做法。它是园林理水施工的重要依据。只有读懂园林理水施工图，才能正确地指导施工。

下面以图 2-2-38 为例具体说明园林理水工程图的识读方法。

①看平面图 从平面图中了解图名、比例、方位和轴线编号，明确水体平面位置、形状和大小等。由于水体平面是自然曲线，无法标注各部分的尺寸，为了便于施工，一般采用方格网控制，方格网的轴线编号应与总平面图相符。如图 2-2-38 所示，该平面图

图 2-2-40 池壁做法

采用 2m×2m 的方格网坐标，水体处于 A2～A15、B16～B40 的位置，长约 25m，宽约 13m，形成自然式水景。知遇亭临水而建，平面图中还标出进水口、泄水口、喷泉的位置以及所有剖面的位置。

②对照平面图看池壁施工详图　池壁由基础、墙体、盖顶等组成，剖面图表现池底、池壁的结构布置、各层材料、各部分尺寸和施工要求，池壁详图主要表现池底和压顶石的情况和细部尺寸。如图 2-2-40 所示，自然式水池用 100 厚 C10 混凝土做顶，下部为机砖砌筑，池底铺装卵石，池边有置石，常水位为 ±0.00。

巩固训练

临摹太湖石、石笋石及黄石等，并简要说明画法。

自测题

1. 山石有几种不同形式？施工图中怎样表现？
2. 水景有几种不同形式？水景不同形式的表现技巧有哪些？
3. 水景投影图有什么特点？
4. 假山施工设计图与水景施工设计图有何异同？
5. 驳岸工程施工图中水位怎样表现？

知识拓展

项目 3
园路与广场、园桥设计图绘制与识读

了解绘制园路与广场、园桥设计图的基本知识；熟悉园路与广场、园桥的平面图、剖(断)面图绘制的规范和要求；掌握园路与广场、园桥的平面和剖(断)面图的绘制方法和技巧，会识读园路与广场、园桥的平面和剖(断)面图。

任务 3-1 绘制与识读园路与广场设计图

学习目标

【知识目标】
(1) 了解绘制园路与广场设计图的基本原理和知识。
(2) 熟悉园路与广场平面图、剖(断)面图绘制的规范和要求。
(3) 掌握园路与广场平面图、剖(断)面图的绘制方法和识读技巧。

【技能目标】
(1) 能识别常见园路与广场的平面图、剖(断)面图。
(2) 能绘制和识读园路与广场的平面、剖(断)面图。

知识准备

1. 园路与广场设计图基本知识

园路，指园林中的道路，它起着组织空间、引导游览、交通联系并提供散步休息场所的作用。它像脉络一样，把园林的各个景区连成整体。同时，园路本身又是园林风景的组成部分，蜿蜒起伏的曲线，精美的图案，丰富的寓意，都给人以美的享受。

广场，是为满足多种城市社会生活需要而建设的，以建筑、道路、山水、地形等围合，由多种软、硬质景观构成的，采用步行交通手段，具有一定的主题思想和规模的结点型城市户外公共活动空间。园路与广场、建筑的有机组织，对于城市园林绿地的景观效果起着决定性的作用，尤其在现代园林中更是如此。园路与广场的形式可以灵活多样，可以是规则式的，也可以是自然式的。园路与广场形成的系统将构成园林绿地脉络，并起到交通组织、联系分割以及满足游憩活动的作用。

1) 园路类型

(1) 按性质和功能划分

①主要园路 是景园中的主要道路，从园林入口通向全园各景区中心、各主要建筑、主要景点、主要广场的道路，是全园道路系统的骨架，多呈环形布置。主路宽一般3～5m，最大路宽可达6～7m。

②次要园路 为主干道的分支，是贯穿各功能分区、联系重要景点和活动场所的道路。它分散在各景区，连接着景区内的景点，一般宽为2.0～3.5m。

③游步道 是园路系统的末梢，引导游人深入到达园林各景区的各个角落的道路，多曲折、分布自由。一般宽为1.2～2m，有时为0.6～1.0m。

(2) 按路面铺装材料划分

①整体路面 是指用水泥混凝土或沥青混凝土铺筑而成的路面，包括现浇混凝土路面、沥青路面和三合土路面。它是在园林建设中应用最多的一类。它具有强度高、耐压、耐磨、平整度好的特点，但不便维修，且一般观赏性较差。由于养护简单，因此多为景区的主干道所采用。由于它色彩多为灰色和黑色，在园林中使用不够理想，但近年来出现了彩色沥青和彩色混凝土路面(图2-3-1)。

②块料路面 是用大方砖、石板等各种天然块石或各种预制块料铺装而成的路面。包括预制混凝土块、块石、片石及卵石镶嵌等路面(图2-3-2)。这种路面简朴大方，特别是各种拉条路面，利用条纹方向变化产生的光影效果，加强了花纹的效果，不但有很好的装饰性，而且可以防滑和减少反光强度，并能铺装成形态各异的图案花纹，美观、舒适，同时也便于施工及维护时拆补，因此在现代绿地中广泛应用。

③碎料路面 用各种碎石、瓦片、卵石及其他碎状材料等组成的路面，这种路面更易修复，装饰性强，造价低廉，但易受污染、不易清扫，一般多用于游步道中(图2-3-3)。

④简易路面 是用煤屑、三合土等构成的路面，包括煤渣路面、沙石路面和夯土路面等(图2-3-4)，只适用于游人较少的游憩小路或临时性道路。造价较以上各种道路低廉，但质量、耐压性、稳定性较差，不宜多用。

图 2-3-1 彩色透水混凝土路面

图 2-3-2 片石路面

图 2-3-3 卵石路面　　　　　图 2-3-4 沙石路面　　　　　图 2-3-5 汀　步

(3) 按结构类型划分

①路堑型　园路的路面低于周围绿地，道牙高于路面，起到阻挡绿地水土流失的作用，采用道路排水。

②路堤型　路面高于两侧地面，平道牙靠近边缘处，常利用明沟排水，路肩外有明沟和绿地加以过渡。

③特殊型　如步石、汀步、蹬道、攀梯等类型的园路。步石是置于陆地上的天然或人工整形块石，多用于草坪、林间、岸边或庭院等处；汀步是设在水中的步石，可自由地布置在溪涧、滩地和浅池中（图2-3-5）。块石间距离按游人步距放置（一般净距为200~300mm）。步石、汀步块料可大可小，形状不同，高低不等，间距也可灵活变化，路线可曲可直，最宜自然弯曲，轻松、活泼、自然，极富野趣。

(4) 按路面的排水性划分

①透水性路面　指下雨时，雨水能及时通过路面结构渗入地下，或者储存在路面材料的空隙中，减少地面积水的路面。这种路面可减轻排水系统负担，保护地下水资源，有利于生态平衡，但平整度、耐压性往往不足，养护量较大，因此主要用于游步道、停车场、广场等处。

②非透水性路面　指吸水率低，主要靠地表排水的路面。这种路面平整度、耐压性较好，整体铺装的可用作机动交通、人流量大的主要园路，块材铺装的则多用作次要园路、游步道、广场等。

2) 广场类型

(1) 依园林广场的性质和使用功能划分

①交通集散广场　此处人流量较大，主要功能是组织和分散人流，如公园的出入口广场等（图2-3-6）。

②游憩活动广场　这类广场在园林中经常运用，它可以是草坪、疏林及各式铺装地，外形轮廓为几何形或塑性曲线，也可以与花坛、水池、喷泉、雕塑、亭廊等园林小品组合而成，主要供游人游览、休息、游戏、集体活动等使用（图2-3-7）。应根据不同的活动内容和要求，使游憩活动广场美观适用、各具特色。

③生产管理广场　主要供园务管理、生产的需要之用，如堆场、晒场、停车场等，它的布局应与园务管理专用出入口、苗圃等有较方便的联系。

图 2-3-6　某公园出入口广场　　　　　　　图 2-3-7　游憩活动广场

（2）按园林广场的主要功能划分

园林广场应具备的主要功能是汇集园景、休闲娱乐、人流集散、车辆停放等。广场可分为以下几类：

①园景广场　是将园林立面景观集中汇聚、展示在一处，并突出表现宽广的园林地面景观（如装饰地面、水景池、花坛群等）的一类园林广场。园林中常见的门景广场、纪念广场、音乐广场、中心花园广场等都属于此类。一方面，园景广场在园林内部留出一片开敞空间，增强了空间的艺术表现力；另一方面，它还可以作为季节性的大型园艺展览或盆景艺术展览等的展出场地，也可以作为节假日大规模人群集会活动的场所，而发挥更大的社会效益和环境效益。

②休闲娱乐广场　这类场地具有明确的休闲娱乐性质，在现代公共园林中是很常见的一类场地。如设在园林中的旱冰场、滑雪场、射击场、跑马场、高尔夫球场、游憩草坪、露天舞场、垂钓区以及游泳池边的休闲铺装场地等。

③集散广场　设在主体性建筑前后、主路路口、园林出入口等人流频繁的重要地点，以人流集散为主要功能。除园林主要出入口场地外，这类场地一般面积都不太大。

④停车场和回车场　主要指设在园林内外的机动车、自行车等车辆停放场地和扩宽一些路口形成的回车场地。停车场多布置在园林出入口内外，回车场则一般在园林内部适当地点灵活布置。

⑤其他场地　附属在公共园林内外的场地，还有如旅游小商品市场、花木盆栽场、园林机具设备停放场、餐厅杂物院等，其功能不一，形式也各异。

公共园林中的道路广场与一般城市道路广场最明显的不同之处是前者以游览性和观赏性为主，而后者以交通性为主。

3）园路与广场铺装示例

在园林环境中运用自然或人工的面层材料，采用不同的铺砌形式，形成了不同类型的铺装地面（铺地）。不同类型的铺装地面因其色彩、质感、纹样、光影的不同，具不同的装饰性及观赏效果，以适应不同的环境和场合，使其与环境相协调。园林中铺装作为景观的一个有机组成部分，不仅对园路、广场等进行不同形式的组合，使游人在游览过程中易于区别，印象深刻；其美丽的铺装图案更是起着画龙点睛的作用，加深意境的悠远，增强游览的趣味。园路与广场铺装地面纹样如图 2-3-8 所示。

图 2-3-8 铺装地面纹样

图 2-3-9　园路与广场铺装示例

一般来说，园路是带状狭长形的铺装地面，而广场则是相对较为宽阔的铺装地面。如果把园路看成是线，那么广场就是面。园路与广场作为构成园林平面地形的一种硬质要素，在现代园林工程建设中占有越来越重要的地位。园路与广场铺装示例如图 2-3-9 所示。

园路与广场的竖向设计等高线一般用直线或折线来表示，如图 2-3-10 所示。同时，园路与广场面层和剖（断）面构造做法接近。由此可见，园路与广场设计图在绘制时有许多相似之处。

4) 园路设计图的组成类型

园路工程图主要包括园路路线平面图（园路设计平面图）、纵断面图、路基横断面图、铺装详图和效果图等（图 2-3-11 至图 2-3-15），用来说明园路的游览方向和平面位置、线形状况、沿线的地形和地物、纵断面标高和坡度、路基的宽度和边坡、路面结构、铺装图案、路线上的附属构筑物（如桥梁、涵洞、挡土墙）的位置、设计艺术效果等。

图 2-3-10　某公园园路和广场竖向设计图

图 2-3-11　园路路线平面图

图 2-3-12 园路纵断面图

图 2-3-13 路基横断面图

图 2-3-14　铺装详图

项目3 园路与广场、园桥设计图绘制与识读

园路设计效果图

某公园入口广场效果图

图 2-3-15　园路及广场设计效果图

2. 园路与广场设计图绘制原理

由于园路的竖向高差和路线的弯曲变化都与地面起伏密切相关，因此园路工程图的图示方法与一般工程图样不完全相同。但园路与广场设计图绘制的基本原理仍是正投影法（效果图的绘制在项目6介绍，这里不再赘述）。下面以园路为例，介绍园路与广场设计图的绘制原理。

1) 园路平面图绘制原理

园路与广场平面图主要用规划场地的水平正投影来表示，表达园路与广场的平面布置情况，包括园路与广场的平面形状、园路线的线形（直线或曲线）状况和方向，以及园路与广场两侧一定范围内的地形和地物等。图 2-3-16 是某公园园路系统设计平面图。

图 2-3-16　某公园园路及广场设计平面图

2) 园路断面图绘制原理

园路与广场断面图的绘制主要用于施工设计阶段，而园路断面图又可分为纵断面图和横断面图。

（1）纵断面图

纵断面图是假设用铅垂剖切平面沿着道路的中心线进行剖切后，将所得的断面图展开而形成的立面图，园路纵断面图用于表示路线中心的地面起伏状况。路线纵断面图的横向长度就是路线的长度。园路立面图由直线和竖曲线（凹形竖曲线和凸形竖曲线）组成，如图 2-3-17 所示。

图 2-3-17　纵断面设计全图

(2) 横断面图

道路的设计横断面就是垂直于道路中心线方向的断面。道路横断面设计，应在风景园林总体规划中所确定的园路路幅或在道路红线范围内进行。它由下列各部分组成：车行道、人行道或路肩、绿带、地上和地下管线(给水、电力、电讯等)共同敷设带(简称共同沟)、排水(雨水、中水、污水)沟道、电力电信照明电杆、分车导向岛、交通组织标志、信号和人行横道等，如图 2-3-18 所示。

图 2-3-18　道路横断面图

路基横断面图是用垂直于设计路线的剖切面进行剖切所得到的图形，作为计算土石方和路基施工依据，如图 2-3-13 所示。沿道路路线一般每隔 20m 画一路基横断面图，沿着桩号从下到上、从左到右布置图形。园路的横断面图主要表现园路的横断面形式及横坡。

3) 园路铺装详图绘制原理

园路与广场铺装详图的绘制原理与平面图、剖(断)面图一样，但铺装详图主要用于表达园路与广场面层的结构和铺装图案。图 2-3-14 中 1-1 断面图、2-2 断面图是一段园路的铺装详图。

任务实施

1. 绘制工具

A2 幅面的图板、丁字尺、三角板、建筑模板、曲线板和多用圆规等，A2 或 A3 幅面的绘图纸或打印纸。

2. 绘制方法

(1) 绘制路线平面图

在规划阶段，绘制路线平面图一般所用比例较小，通常采用 1：500~1：2000 的比例，因此可在道路中心画一条粗实线来表示路线。如果比例较大，也可按路面宽度画成双线表示路线。新建道路用中粗实线，原有道路用细实线。路线平面图由直线段和曲线段(平曲线)组成，如图 2-3-11 所示。图 2-3-19 是道路平面图图例画法，A 图中 α 为转折角(按前进方向右转或左转)、R 为曲线半径、T 为切线长、L 为曲线长、E 为外距(交角

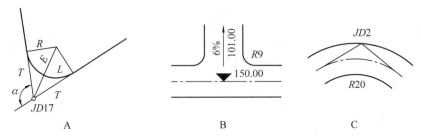

图 2-3-19 道路平面图图例画法

点到曲线中心距离);B 图中 $R9$ 表示转弯半径为 9m,150.00 为路面中心标高,6% 为道路纵向坡度,101.00 为变坡点间距;C 图中 $JD2$ 是交角点编号。

图 2-3-11 是用单线画出的路线平面图。为清楚地看出路线总长和各段长,一般由起点到终点沿前进方向左注写里程桩,沿前进方向右注写百米桩。路线转弯处要注写转折符号,即交角点编号,如 $JD17$ 表示第 17 号交角点。沿线每隔一定距离设水准点,$BM.3$ 表示 3 号水准点,73.837 是 3 号水准点高程。

此外,在图纸的适当位置应绘制路线平曲线表,按交角点编号列出平曲线要素,包括交角点里程桩、转折角 α、曲线半径 R、切线长 T、曲线长 L、外距 E 等,见表 2-3-1 所列。

在平面图中地形一般用等高线来表示,地物用图例来表示,图例画法应符合总图制图标准的规定。

在施工阶段,平面图的比例尺一般为 1:20~1:50。应准确标注广场的轮廓、路面宽度与细部尺寸,以及广场与园路和周围设施的相对位置,曲线园路应标出转弯半径或以 2m×2m~10m×10m 的网格定位。同时还应标注路面及广场高程、路面纵向坡度、路面中心标高、各转折点标高及路面横向坡度,广场中心、四周标高及排水方向等。并在图

表 2-3-1 平曲线表

交角点	交角点里程桩	偏角 α		R	T	L	E
		左	右				
JD10	610.74	38°18′		50	17.36	33.42	2.93
JD11	653.04	23°43′		50	10.50	20.69	1.09
JD12	689.55		18°26′	70	11.36	22.52	0.92
JD13	737.15		15°05′	50	6.62	13.17	0.44
JD14	769.80		52°59′	20	9.96	18.49	2.35
JD15	847.56	89°51′		15	14.96	23.52	6.19
JD16	899.38		20°24′	100	17.99	35.61	1.61
JD17	1+011.69		119°46′	15	25.86	31.35	14.89
JD18	052.21	10°54′		200	19.08	38.05	0.91
JD19	128.35	16°51′		80	11.85	23.53	0.87
JD20	165.84		3°10′				

中注明道路及广场的表面铺装材料及其形状、大小、图案、花纹、色彩、铺排方式和相互位置关系等。图 2-3-20 为某公园内一景点园路与广场施工平面图。

（2）绘制园路纵断面图

为了满足游览和园务工作的需要，对有特殊要求或路面起伏较大的园路，应绘制纵断面图。园路的纵断面图主要表现道路的竖曲线、设计纵坡以及设计标高与原标高的关系等。由于路线的横向长度和纵向高度之比相差很大，故路线纵断面图通常采用两种比例，如长度采用 1∶2000，高度采用 1∶200，相差 10 倍。

纵断面图绘制的包括以下内容：

①地面线　是道路中心线所在处，是原地面高程的连接线，用细实线绘制。具体画法是将水准测量测得的各桩高程，按图样比例点绘在相应的里程桩上，然后用细实线按顺序把各点连接起来，故纵断面图上的地面线为不规则曲折线（见图 2-3-12）。

②设计线　是道路的路基纵向设计高程的连接线，即顺路线方向的设计坡度线，用粗实线表示（见图 2-3-12）。

绘制设计线的具体步骤如下：

第一步，确定高程控制点（路线起讫点地面标高，相交道路中心标高，相交铁路轨顶标高，桥梁桥面标高，特殊路段的路基标高，填挖合理标高点等）。

第二步，拟定设计线。

第三步，确定设计线。

第四步，标出桥、涵、驳岸、闸门、挡土墙等具体位置与标高，以示桥顶标高和桥下净空及等级。

第五步，绘制纵断面设计全图。

③竖曲线　当设计线纵坡变更处的两相邻坡度之差的绝对值超过一定数值时，在变坡处应设置一段竖向圆弧，来连接两相邻纵坡，该圆弧称为竖曲线。竖曲线分为凸形竖曲线和凹形竖曲线。

绘制时应在设计线上方表示凸形竖曲线和凹形竖曲线，标出相邻纵坡交点的里程桩和标高，竖曲线半径、切线长、外距、竖曲线的始点和终点。如变坡点不设置竖曲线，则应在变坡点注明"不设"。路线上的桥涵、构筑物和水准点都应按所在里程注在设计线上，标出名称、种类、大小、桩号等（见图 2-3-12）。

④资料表　在图样的正下方还应绘制资料表，主要内容包括：每段设计线的坡度和坡长，用对角线表示坡度方向，对角线上方标坡度、下方标坡长，水平段用水平线表示。每个桩号的设计标高和地面标高。平曲线（平面示意图）的直线段用水平线表示，曲线段用上凸或下凹图线表示，标注交角点编号、转折角和曲线半径。资料表应与路线纵、断面图的各段一一对应（见图 2-3-12）。

对于自然式园路，平面曲线复杂，交点和曲线半径都难于确定，不便单独绘制平曲线，其平面形状可由平面图中方格网控制。

（3）绘制园路横断面图

园路横断面图一般与局部平面图配合，表示园路的断面形状、尺寸、各层材料、做法、施工要求、路面布置形式及艺术效果。

横断面的地面线一律画细实线，设计线一律画粗实线。每一图形下标注桩号、断面

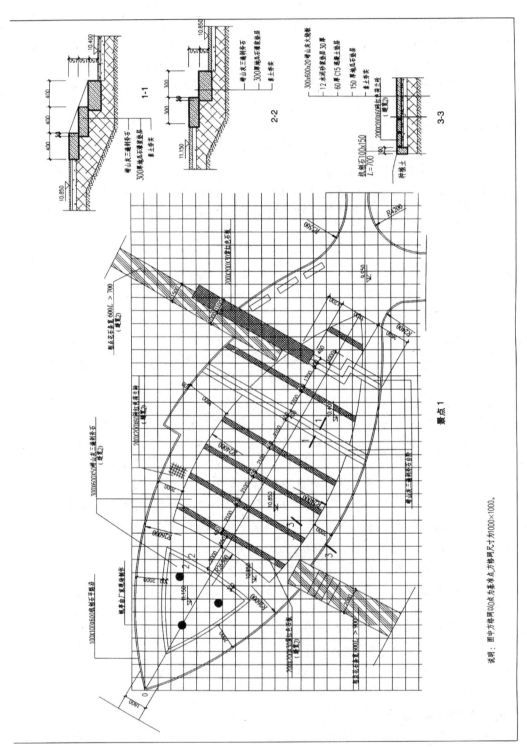

图 2-3-20 某公园景点园路与广场施工平面图

面积 F、地面中心到路基中心的高差 H，如图 2-3-13 所示。断面一般有 3 种形式：填方段称路堤，挖方段称路堑，半填半挖路基。

路基横断面图一般用 1∶50、1∶100、1∶200 的比例。应画在透明方格纸上，便于计算土方量。

（4）绘制铺装详图及大样

为了便于施工，对具有艺术性的铺装图案，以及路面的重点结合部可用详图进行表达，并标注尺寸（见图 2-3-14）或绘制方格网（图 2-3-20）。

用平面图表示路面装饰性图案，常见的园路路面有：花街路面（用砖、石板、卵石组成各种图案）、卵石路面、混凝土板路面、嵌草路面、雕刻路面等。雕刻和花街路面应画平面大样图。

路面结构用断面图表达。园路的结构断面图主要表现园路各构造层的厚度与材料，通过图例和文字标注两部分将园路及广场的施工做法表示清楚。路面结构一般包括：面层、结合层、基层、路基等，如图 2-3-14 中 1-1 断面图。当路面纵坡坡度超过 12°时，在不通车的游步道上应设台阶，台阶高度一般为 120～170mm，踏步宽 300～380mm，每 8～10 级设一个平台段。图 2-3-14 中 2-2 断面图为台阶的结构。

（5）写做法说明

做法说明主要是对施工方法和要求的说明，如路牙与路面结合部及路牙与绿地结合部的做法，对路面强度、表面粗糙度的要求及铺装缝线允许尺寸（以毫米为单位）的要求等。

3. 识读技巧

图 2-3-14 是某园路工程施工图，一般按以下步骤进行识读：

（1）看标题栏及说明

从标题栏及说明中了解工程名称、材料和技术要求，本例为某公园局部园路的工程施工图。

（2）看平面图

从平面图中了解比例、方位，明确园路和广场在总平面图中的位置、平面形状和大小及其周围地形等。如图 2-3-21 所示，该部分园路处于横向轴线 7～12 与纵向轴线 F～J 之间，地形北高南低呈缓坡，园路平面布置形式为自然式，外围园路较宽，环路以内自然布置游步道，随形就势，步移景异。

（3）看纵断面图（立面图）

从纵断面图中了解某一区段园路的起伏变化情况。图中 2-10 道路纵断面图表示了该段园路的起伏变化，2-10 号点是下坡，10-3 号点是上坡。7 号点和越过 12 号点 10m 处，分别设置了凹形竖曲线。

（4）看详图

对照平面图的索引符号，了解园路断面结构形式、材料、做法。从图中可见，详图 1 为外围园路的平面布置及结构做法，详图 2 为游步道的平面布置及结构做法，外围园路宽 2.5m，混凝土路面。环路以内自然布置游步道，宽 1.5m，乱石路面，具体材料和做法如断面图所示。

图 2-3-21 园路工程施工图

巩固训练

对照教师示范讲解和操作的方法和技巧，进行以下内容的绘制操作训练：

（1）对照习题集或老师提供的园路整套设计图进行抄绘练习。尤其要理解道路纵、横断面的不同表现特点，不能机械地抄绘。道路平面线形和线形纵断面要在理解的基础上练习。

（2）对照习题集或者老师提供的园路、广场竖向设计图进行抄绘练习。要注意区分一般地形等高线和园路广场等高线的特征区别，也要理解竖向设计所表现的园路特征。

（3）对照习题集或老师提供的汀步设计的范图进行识读和绘制练习，尤其要注意汀步断面构造的表现方法，同时要注意与设计构思的协调。

自测题

1. 不同类型面层的道路断面图有什么区别？
2. 道路和广场在设计造型、面层处理和断面构造表现上有什么异同？
3. 园路与广场设计等高线与一般绿地地形设计等高线有什么不同？

数字资源

模块2 园林工程制图实务

任务 3-2
绘制与识读园桥设计图

学习目标

【知识目标】
(1)了解园桥设计图的基本知识。
(2)熟悉园桥平面图、剖(断)面图绘制的规范和要求。
(3)掌握园桥设计图的绘制方法和识读技巧。

【技能目标】
(1)能识别常见园桥设计的平面图和剖(断)面图。
(2)能绘制和识读园桥的平面图和剖(断)面图。

知识准备

1. 园桥设计图基本知识

园林中的桥,可以联系风景点的水陆交通,组织游览线路,变换观赏视线,点缀水景,增加水面层次,兼有组织交通和艺术欣赏的双重作用。园桥在造园艺术上的价值,往往超过其交通功能。

在自然山水园林中,桥的布置同园林的总体布局、道路系统、水体面积占全园面积的比例、水面的分隔或聚合等密切相关。园桥的位置和体型要和景观相协调:大水面架桥,又位于主要建筑附近的,宜宏伟壮丽,重视桥的体型和细部的表现;小水面架桥,则宜轻盈质朴,简化其体型和细部。水面宽广或水势湍急者,桥宜较高并加栏杆;水面狭窄或水流平缓者,桥宜低并可不设栏杆。水陆高差相近处,平桥贴水,过桥有凌波信步亲切之感;沟壑断崖上危桥高架,能显出山势的险峻。水体清澈明净,桥的轮廓需考虑倒影;地形平坦,桥的轮廓宜有起伏,以增加景观的变化。此外,还要考虑人、车和水上交通的要求。

1)园桥的类型

(1)根据园桥的造型形式划分

①平桥 外形简单,有直线形和曲折形,结构有梁式和板式。板式桥适于较小的跨度,如北京颐和园谐趣园瞩新楼前跨小溪的石板桥,简朴雅致。跨度较大的就需设置桥墩或柱,上安木梁或石梁,梁上铺桥面板。曲折形的平桥是中国园林中所特有,不论三折、五折、七折、九折,通称九曲桥。其作用不在于便利交通,而是要延长游览行程和时间,以扩大空间感,在曲折中变换游览者的视线方向,做到步移景异;也有的用来陪衬水上亭榭等建筑物,如上海城隍庙九曲桥(图2-3-22)。

②拱桥 造型优美,曲线圆润,富有动态感。单拱的如北京颐和园玉带桥(图2-3-23),拱券呈抛物线形,桥身用汉白玉,桥形如垂虹卧波。多孔拱桥适于跨度较大的宽广水面,常见的多为三孔、五孔、七孔,著名的颐和园十七孔桥,长约150m,宽约6.6m,

连接南湖岛，丰富了昆明湖的层次，成为万寿山的对景。

③亭桥、廊桥　加建亭、廊的桥，称为亭桥或廊桥，可供游人遮阳避雨，又增加桥的形体变化。亭桥如杭州西湖三潭印月（图 2-3-24），在曲桥中段转角处设三角亭，巧妙地利用了转角空间，给游人以小憩之处；扬州瘦西湖的五亭桥（图 2-3-25），多孔交错，亭廊结合，形式别致。廊桥有的与两岸建筑或廊相连，如苏州拙政园"小飞虹"（图 2-3-26）；有的独立设廊，如桂林七星岩前的花桥（图 2-3-27）。苏州留园曲溪楼前的一座曲桥上，覆盖紫藤花架，成为风格别具的"绿廊桥"。

图 2-3-22　上海城隍庙九曲桥

图 2-3-23　北京颐和园玉带桥

图 2-3-24　杭州西湖三潭印月亭桥

图 2-3-25　扬州瘦西湖的五亭桥

图 2-3-26　苏州拙政园"小飞虹"

图 2-3-27　桂林七星岩前的花桥

④吊桥、浮桥　吊桥是以钢索、铁链为主要结构材料（过去有用竹索或麻绳），将桥面悬吊在水面上的一种园桥形式（图 2-3-28A）。这种吊桥吊起桥面的方式有两种：一是全用钢索铁链吊起桥面，并作为桥面扶手；二是在其上部用大直径钢管做成拱形支架，从拱形钢管上等距地垂下钢制缆索，吊起桥面。吊桥主要用在风景区的河面上或山沟上。

将桥面架在整齐排列的浮筒（或舟船）上，可构成浮桥（图 2-3-28B）。浮桥适用于水位常有涨落而又不便人为控制的水体上。

⑤栈桥与栈道　架长桥为道路，是栈桥与栈道的根本特点。严格地讲，这两种园桥并没有本质上的区别，只不过栈桥更多的是独立设置在水面上或地面上，而栈道则更多是依傍在山壁或崖壁（图 2-3-29）。

图 2-3-28　吊桥、浮桥

图 2-3-29　栈桥与栈道

⑥其他形式　如天然石梁、石拱构成的天然桥等。

(2) 根据桥体的结构形式划分

①板梁柱式　以桥柱或桥墩支撑桥体质（重）量，以直梁按简支梁方式两端搭在桥柱上，梁上铺设桥板作为桥面。在桥孔跨度不太大的情况下，也可不用桥梁，直接将桥板两端搭在桥墩上，铺成桥面。桥梁、桥面板一般用钢筋混凝土预制或现浇；如果跨度较小，也可用石梁和石板。

②悬臂梁式　即桥梁从桥孔两端向中间悬挑伸出，在悬挑的梁头再盖上短梁或桥板，连成完整的桥孔。这种方式可以增大桥孔的跨度，以便桥下行船。石桥和钢筋混凝土桥都可能采用悬臂梁式结构。

③拱券式　桥孔由砖石材料制成拱券，桥体质（重）量通过圆拱传递到桥墩。单孔桥的桥面一般也是拱形，因此它基本上都属于拱桥。三孔以上的拱券式桥，其桥面多数做

成平整的路面形式，但也常把桥顶做成半径很大的微拱形桥面。

④悬索式　即一般索桥的结构形式。以粗长的悬索固定在桥的两头，底面有若干根钢索排成一个平面，其上铺设桥板作为桥面，两侧各有一根至数根钢索从上到下竖向排列，并有许多下垂的钢丝绳相互串联一起，下垂钢丝绳的下端则吊起桥板。

⑤桁架式　用铁制桁架作为桥体。桥体杆件多为受拉或受压的轴力构件，这种杆件使构件的受力特性得以充分发挥。杆件的结点多为铰接。

2)园桥设计图的内容

园桥设计图主要包括园桥设计平面图、立面图、剖(断)面图、局部设计详图、环境图及透视效果图等(图2-3-30至图2-3-36)，用来说明园桥的平面布局、立面造型、结构形式和做法、与周围环境的位置关系等。

图 2-3-30　园桥平面图

图 2-3-31　园桥立面图

图 2-3-32　园桥环境图

模块2 园林工程制图实务

1—1 剖面图

2—2 剖面图

图 2-3-33 园桥剖面图

图 2-3-34 园桥基础布置平面图

图 2-3-35 园桥梁柱布置平面图

图 2-3-36 园桥栏杆大样图

2. 园桥设计图的绘制原理

园桥平、立面图及环境图主要用正投影的方法进行绘制，用来表示园桥的平面、立面形状及其周围环境（道路、水体、植物等布置）情况。

园桥剖（断）面图是假设用铅垂剖切平面沿着园桥的中心线进行剖切后将所得的剖（断）面图展开而形成的，用来表示园桥的结构形式和施工做法。

局部设计详图是园桥某一节点的大样图，详细表达节点设计尺寸与施工做法。

任务实施

1. 绘制工具

绘制工具包括 A2 幅面的图板、丁字尺、三角板、建筑模板、曲线板和多用圆规等，A2 或 A3 幅面的绘图纸或打印纸。

2. 绘制方法

（1）绘制平、立面图

①绘图选用的比例一般为 1∶50～1∶200。

②绘制园桥平面形状、立面造型。

③标注园桥及各部件的尺寸，注写必要的文字注释，在立面图中应绘制常水位与园桥及园路的高程关系。

④注写必要的文字说明。

（2）绘制剖（断）面图

剖（断）面图标注园桥纵、横断面的尺寸，表达园桥结构及表层、基础的施工做法等。

①绘图选用的比例一般为 1∶20～1∶50。

②绘制园桥剖（断）面形状。

③按剖（断）面图的绘制要求，加深有关轮廓线。

④在图中标注园桥及各部件的尺寸，注写必要的文字注释。

⑤注写必要的文字说明。

（3）绘制详图

利用详图对园桥栏杆、柱、基础等结构部件的详细构造和尺寸进行表达，绘图比例一般为 1∶10～1∶50。

（4）写做法说明

做法说明主要是对施工方法和要求的说明，如园桥与水岸结合部的做法，对建造材质、桥体所在河床的工程地质情况等的说明。

3. 园桥设计图识读技巧

以图 2-3-30 至图 2-3-36 为例，园桥设计图的识读主要包括以下内容：

（1）看标题栏及说明

从标题栏及说明中了解工程名称、材料和技术要求，本例为某公园园桥的工程施工图。

项目3　园路与广场、园桥设计图绘制与识读

（2）看平（立）面图、环境图

从平（立）面图、环境图中了解比例、方位，明确园桥在平面图中的位置、平面形状和体量及其周围地形等。由图2-3-30至图2-3-32可看出，该桥为一平桥，跨度10 700，宽2400，采用钢筋混凝土板梁柱式，柱间距3200。桥面选用防腐红松木板，桥面距园路铺装地面360。采用木栏杆作为防护设备，栏杆柱高1000，柱间距2000。

（3）看剖（断）面图

根据剖（断）面图了解园桥的结构。图2-3-33是该桥的两个纵向剖面图。1-1剖面图表达了园桥与铺装路面结合部台阶的结构及做法，从图中可知，由园路到桥面设置了3级台阶，台阶宽350，高120。桥立柱到水池壁的间距为550；2-2剖面图表达了园桥桥面的结构，从图中可知，桥立柱间距为1800，横梁采用钢筋混凝土结构，长2400。具体材料和做法也可从剖面图中得到。

（4）看详图（或大样图）

详图（或大样图）详细地表现了园桥的某一部分或节点的尺寸及做法。

图2-3-34为园桥基础布置平面图，从平面图中可知，图中设置了8个基础，基础为850×850，横向间距3200，纵向间距1800，为增强水平面刚度，沿基础轴线设置了地梁。

图2-3-35为园桥梁柱布置平面图，从平面图中可知，梁L_1长10 660，梁L_2长1800；桥立柱横向间距3200，纵向间距1800；梁上置钢筋混凝土板厚150。

图2-3-36为园桥栏杆大样图，图中标出了木栏杆的详细尺寸，具体做法如栏杆平、立面图所示。

巩固训练

对照教师示范讲解和操作方法与技巧，按照习题集或老师提供的园桥整套设计图，用A2幅面的图纸抄绘某绿地园桥设计图。

自测题

1. 不同造型形式的园桥，其桥体的结构形式有什么区别？
2. 如何运用所学知识，采用不同的表现技法绘制园桥的设计图？

知识拓展

项目 4
园林建筑设计图绘制与识读

了解景观建筑的主要类型；理解景观建筑平、立面图和剖(断)图的形成原理；掌握景观建筑平、立面图和剖(断)面图的绘制方法；会识读景观建筑和建筑小品施工图。

任务 4-1 绘制与识读园林建筑平、立面图

学习目标

【知识目标】
(1) 了解景观建筑的基本类型。
(2) 理解景观建筑平、立面图的制图原理。
(3) 掌握景观建筑平、立面图的图示方法和绘制步骤。

【技能目标】
(1) 能识读景观建筑平面图和立面图。
(2) 能绘制景观建筑平面图和立面图。
(3) 能绘制和识读景观建筑小品平、立面图。

知识准备

1. 景观建筑平、立面设计图基本知识

1) 景观建筑主要类型

景观是人类在长期的生存过程中，围绕人的工作、学习、生活，对空间景象的艺术化创造。它是人类在漫长的历史中将物质实体与精神内涵完美结合的产物。

景观建筑是指在空间环境中具有造景功能，同时又能供人浏览、观赏、休息的各类建筑物。一般指亭、榭、廊、花架、园林大门、桥、平台、假山、水景等。在景观设计中还会涉及景观建筑小品，如园灯、园椅、展牌、景墙、导游牌、标志物及果皮箱、路标、栏杆等。

(1) 亭

亭，特指一种有顶无墙的小型建筑物，是游人停留休息的场所。《园冶》中记载："亭者，停也。所以停憩游行也。"因此，亭有停止的意思，应满足游人休息、游览、观景、纳凉、避雨、极目远眺之需(图2-4-1、图2-4-2)。

图 2-4-1 拙政园荷风四面亭

图 2-4-2 欧式亭

在现代园林中，亭一般是指供游人避风雨、遮阳光、休憩、游览、赏景的小而集中的建筑形式。无论是在传统的古典园林，还是新建的公园、风景游览区，人们都可以看到千姿百态、绚丽多彩的亭，它与园中的其他建筑、山水、植物相结合，装点着园景。亭的形象已成为我国园林的象征。

亭从平面形式来看，可分为独立式亭(正多边形亭、长方形和近长方形亭、圆亭和近圆亭)和组合式亭等；从立体构形来说，又可分为单檐、重檐和三重檐等类型(图2-4-3、图2-4-4)。

(2) 榭

榭多借周围景色构成，一般都是在水边筑平台，平台周围有矮栏杆，屋顶通常用卷棚歇山式，檐角低平，显得十分简洁大方。榭的功用以观赏为主，又可作休息的场所。

(3) 廊

廊在园林中的应用也很广泛，它是建筑与建筑之间的连接通道，以"间"为单元组合而成，又能结合环境布置平面。

廊在园林中的主要功能包括联系建筑、组织空间、组廊成景、展览作用。

廊可分为以下几类：

①根据廊的剖面形式分为空廊、暖廊、复廊、柱廊、双层廊等。

②根据廊的立面造型分为平地廊、爬山廊、叠落廊等(图2-4-5)。

③根据廊的位置分为桥廊、水走廊等(图2-4-6)。

④根据廊的平面形式分为直廊、曲廊、回廊等。

(4) 花架

花架是指用各种材料构成一定形状的格架，供攀缘植物攀附的园林设施，又称棚架、绿廊。

花架可应用于各种类型的园林绿地中，常设置在风景优美的地方供休息和点景，也

图 2-4-3 以平面形式划分的独立式亭

可以和亭、廊、水榭等结合，组成外形美观的园林建筑群；在居住区绿地、儿童游戏场中，花架可供休息、遮阴、纳凉；用花架代替廊子，可以联系空间；用格子垣攀缘藤本植物，可分隔景物；园林中的茶室、冷饮部、餐厅等，也可以用花架做凉棚，设置座席；还可用花架做园林的大门。

图 2-4-4　以平面形式划分的组合式亭

图 2-4-5　爬山廊

图 2-4-6　水走廊

花架根据形式可分为以下几种：

①廊式花架　最常见的形式，花架条置于左右梁柱上，游人可入内休息（图 2-4-7）。

②单片式花架　花架条置于单向梁柱上，两边或一面悬挑，形体轻盈活泼（图 2-4-8）。

③独立式花架　以各种材料做空格，构成墙垣、花瓶、伞亭等形状，用藤本植物缠绕成型，供观赏用（图 2-4-9）。

（5）园林大门

园林大门是一个新天地的入口，是空间转换的过渡地带，是联系园内外的枢纽，是园内景观和空间序列的起始，能够反映公园的特色。

园林大门按照公园的性质可分纪念性园林大门（图 2-4-10）、游览性园林大门（图 2-4-11）、专业性园林大门 3 类；按照使用功能可分为主要大门、次要大门和专用大门 3 种；按照园林风格可分为规则式园林大门、自然式园林大门、混合式园林大门 3 种。

（6）桥

桥是指架在水上或空中便于通行的建筑物。

园林中的桥，可以联系水陆交通，组织游览线路，变换观赏视线，点缀水景，增加水面层次，兼有交通和艺术欣赏的双重作用。园桥在造园艺术上的价值，往往超过交通功能。

园桥有平桥、拱桥、亭桥、廊桥和汀步等（图 2-4-12 至图 2-4-14）形式，它既是建筑，也是一种特殊的路，这部分内容在项目 3 中已详细介绍。

图 2-4-7　廊式花架

图 2-4-8　单片式花架

图 2-4-9　独立式花架

图 2-4-10　黄花岗烈士陵园大门

图 2-4-11　花港观鱼公园大门

图 2-4-12　廊　桥

图 2-4-13　汀　步

图 2-4-14　拱　桥

(7)景观平台

在园林景区规划中景观平台的主要功能是观赏。景观平台又分天然景观平台和人造景观平台(图 2-4-15 至图 2-4-18)。

图 2-4-15　观景平台

图 2-4-16　公园湖心大型景观平台

图 2-4-17 木质亲水平台

图 2-4-18 滨水平台

不过现在人造居多，一般出现在一些高档小区或者是风景名胜区。

(8) 建筑小品

建筑小品是围绕主体性建筑而修建的、供人们休息和观赏的小型艺术或附属建筑物。

建筑小品是既有功能要求，又具有点缀、装饰和美化作用，从属于某一建筑空间环境的小体量建筑、游憩观赏设施和指示性标志物等的统称。如景墙（图 2-4-19）、栏杆（图 2-4-20）、园灯（图 2-4-21）、园凳（图 2-4-22）、展牌、导游牌、标志物及果皮箱、路标等。

图 2-4-19 景 墙

图 2-4-20 汉白玉栏杆

图 2-4-21 园 灯

图 2-4-22 园 凳

2）景观建筑平、立面图示例（图 2-4-23 至图 2-4-30）

图 2-4-23　套亭的平、立面图

图 2-4-24 水榭的平、立面图

项目4 园林建筑设计图绘制与识读

图 2-4-25 茶室的平、立面图

图 2-4-26 上海复兴公园荷花廊的平、立面图

图 2-4-27　某爬山游廊的平、立面图

图 2-4-28　花架的平、立面图

图 2-4-29　北京雕塑公园大门平、立面图

图 2-4-30　杭州曲院风荷玉带晴虹亭桥平、立面图

2. 景观建筑平、立面图绘制原理

1) 建筑平面图

(1) 平面图(水平剖面图)

将建筑物向3个投影面作正投影，水平投影产生的视图为屋顶平面图，正面和侧面投影所得的视图为立面图。一般情况下，除坡屋顶和亭榭等建筑物以外，其他建筑物屋顶都非常简单，屋顶平面图不能充分表达建筑物水平方向的特征。在实际工作中，建筑平面图采用房屋的水平剖视图，也就是用一个假想的水平剖面在窗台上方把整个建筑剖开，移去剖切平面上方的部分，将剩余部分向水平投影面作投影，水平投影就是建筑物的水平剖面图，简称平面图(图2-4-31)。

建筑平面图主要表示建筑物的平面形状、水平方向各部分布置情况和组合关系。也就是在平面图中可看到各房间的大小和水平方向各部分的分隔及联系(如出入口、房间、走廊、楼梯等的布置关系)，以及各类构配件的尺寸等(图2-4-32)。

建筑平面图是建筑设计中最基本的图样之一，是进行后续设计和施工放线、砌墙、门窗安装、室内装修以及编制预算等的重要依据。

图 2-4-31 建筑物三面投影示意图　　图 2-4-32 建筑物平、立面图

(2) 其他平面图

一般来说，多层房屋应该画出各层平面图。但当有些楼层的平面布置相同，或仅有局部不同时，则只需画一个共同的平面图，至于局部不同之处，可另绘局部平面图。

① 楼层平面图　若有些建筑的各层平面布置变化较大，则应分别画出各层的平面图；若其中有些楼层的平面布置基本相同，则可把相同的楼层合画为一个平面图(常称为标准层平面图，图2-4-33)。

图 2-4-33 某别墅底层平面图（楼层平面图）

②局部平面图 当某些楼层平面的布置基本相同，仅有局部不同时（包括楼梯间及其他房间等的分隔以及某些结构构件的尺寸有变化时），则某些不同部分就用局部平面图来表示；或者当某些局部位置由于比例较小而固定设施较多，或者内部组合比较复杂时，可以另画较大比例的局部平面图（图 2-4-34）。

③屋顶平面图 除了画出各层平面图和所需的局部平面图外，一般还画出屋顶平面图。由于屋顶平面图比较简单，可以用较小的比例（如 1∶200、1∶400）来绘制。在屋顶平面图中，一般标明屋顶形状、屋面排水方向（用半边箭头表明）、坡度或泛水、天沟或檐沟的位置、女儿墙和屋脊线、雨水管的位置、房屋的避雷带或避雷针的位置等。对于坡屋顶或亭、榭等园林建筑物，可绘制顶部形状，并详细画出瓦纹等特征（图 2-4-35）。

图 2-4-34 某别墅底层平面图(局部平面图)

图 2-4-35 某别墅屋顶平面图

2)建筑立面图

建筑立面图是平行于建筑物各方向外墙面的正投影图,简称(某向)立面图。建筑立面图用来表示建筑物的体型和外貌,并表明外墙面装饰要求等。

立面图可按方位区分,称为南立面图(图 2-4-36)、北立面图(图 2-4-37)、东立面图和西立面图(图 2-4-38)。

图 2-4-36 某别墅南立面图

图 2-4-37 某别墅北立面图

图 2-4-38 某别墅西立面图

项目4 园林建筑设计图绘制与识读

> **任务实施**

1. 绘制和识读景观建筑平面图(以某私人别墅和景观亭为例)

建筑平面图主要表现建筑物内部空间的划分、房间名称、出入口的位置、墙体的位置、主要承重构件的位置、其他附属构件的位置,以及适当的尺寸标注和位置说明(图2-4-39)。

(1)绘制方法

①确定比例 建筑平面图一般采用1∶100、1∶200的比例绘制,根据确定的比例和图面大小,选用适当图幅,并留出标注尺寸、代号等所需位置,力求图面布置匀称。

②画出定位轴线及其编号 轴线是设计和施工的定位线,凡承重的墙、柱、梁、屋架等处均应设置轴线,轴线用细点画线画出,端部用细实线画直径为8mm的圆,并进行编号。水平方向用阿拉伯数字从左向右、竖直方向用大写拉丁字母自下而上依次编号,次要承重部位应设置附加轴线,编号以分数表示,分母表示前一轴线编号,分子表示前一轴线后附加的第几根轴线,如图2-4-39中即表示第E号轴线后附加的第一根轴线。但I、O、Z这3个字母不得作轴线编号,以免与数字1、0、2混淆。轴线编号宜注在平面图的下方与左侧。

③画图线 建筑平面图中的图线应粗细有别,层次分明。被剖切到的墙、柱的断面轮廓线用粗实线画出(而粉刷层在1∶100的平面图中不必画出,在1∶50或比例更大的平面图中则用细实线画出);没有剖切到的可见轮廓线,如窗台、台阶、明沟、花台、梯段等用中粗线画出;尺寸线、标高符号、定位轴线的圆圈、轴线等用细实线和细点画线画出。表示剖切位置的剖切符号线则用粗实线表示。

④画图例 由于平面图一般采用1∶100、1∶200和1∶50的比例来绘制,所以门、窗等均按规定的图例来绘制,可参考有关标准中建筑平面图图例符号。用两条平行细实线表示窗框及窗扇,用中粗实线表示门及其开启方向。如用LC2、TC1512等表示窗的型号,M1、PM1216等表示门的型号。门窗的具体形式和大小可在有关的建筑立面图、剖视图及门窗通用图集中查阅。

在平面图中,凡是被剖切到的断面部分应画出材料图例。但在1∶200和1∶100小比例的平面图中,剖到的砖墙一般不画材料图例,在1∶50的平面图中砖墙也可不画图例,但在大于1∶50时,应该画上材料图例。剖到的钢筋混凝土构件的断面,当小于1∶50的比例时(或断面较窄,不易画出图例线时)可涂黑。

⑤标注尺寸 建筑尺寸标注一般分三道,最外一道是总尺寸,表明建筑物的总长和总宽;中间一道是轴间尺寸,一般表示建筑物的开间和进深;最里一道是细部尺寸,如门、窗、窗台、立柱等的尺寸及其相对位置。

在平面图上,除了标注出长度和宽度方向的尺寸之外,还要标注出楼面、地面等的相对标高,以表明楼面、地面对标高零点的相对高度。

⑥其他 标注图名、比例、指北针、剖面图的剖切符号,注写文字说明等。

(2)识读内容

根据景观建筑平面图能识读以下内容:

①层次、图名、比例。

②纵横定位轴线及其编号。

图 2-4-39　某私人别墅三层平面图

③各房间的组合和分隔,墙、柱的断面形状及尺寸等。

④门、窗布置及其型号。

⑤楼梯梯级的形状,梯段的走向和级数。

⑥其他构件如台阶、花坛、雨篷、阳台以及各种装饰等的位置、形状和尺寸及厕所等固定设施的布置等。

⑦尺寸和标高,以及某些坡度及其下坡方向的标注。

⑧底层平面图中应表明剖视图的剖切位置线和剖视方向及其编号,以及表示房屋朝向的指北针。

⑨各房间名称。

2. 绘制和识读景观建筑立面图

建筑立面图主要表明建筑物外立面的形状,门窗在外立面上的分布、外形、屋顶、阳台、台阶、雨篷、窗台、勒脚、墙面引条线、雨水管的外形和位置,外墙面装饰做法,室内外地坪、窗台、窗顶、檐口等各部位的相对标高及详图索引符号等(图 2-4-40)。

图 2-4-40　某私人别墅Ⓐ~Ⓕ轴立面图

(1) 绘制方法

①写图名、比例　图名中应该注明建筑物的朝向,可以按照方位命名,如南立面图(①-③立面图)、北立面图(③-①立面图)、西立面图(Ⓕ-Ⓐ立面图)、东立面图(Ⓐ-Ⓕ立面图)。

②画主要承重构件的定位轴线及编号　在立面图中一般只画出两端的定位轴线及其编号,以便与平面图对照读图。如图 2-4-40 所示的东立面图,只需标注Ⓐ和Ⓕ两条定位轴线便可确切地判明立面图的观看方向。

③画图线　为了使立面图外形清晰,房屋立面的外轮廓用粗实线绘制,主要部位轮廓线,如门窗洞、台阶、雨篷、阳台和立面上其他凸出结构的轮廓线画成中粗实线;次要部分的轮廓线,如门窗扇及其分格线、花饰、雨水管、墙面分格线(包括引条线)、外墙勒脚线以及用料注释引出线和标高符号等都画细实线;室外地坪线用特粗线绘制。

④画图例　立面图和平面图一样,由于选用的比例较小,所以门、窗也按规定图例绘制,建筑在立面图中的部分窗上应画有斜的细线,细实线表示向外开,细虚线表示向内开。型号相同的窗无须都画上开启符号,只要画出其中一两个即可。

⑤标注尺寸　立面图上的高度尺寸主要用标高的形式来标注。室内外地面、门窗洞口的上下口、女儿墙压顶面(如为挑檐屋顶,则注至檐口顶面)、进口平台面以及雨篷和

阳台底面(或阳台栏杆顶面)等标高需要注出。

除了标高外,有时还注出一些无详图的局部尺寸。在立面图中,凡需绘制详图的部位,还应画上详图索引符号。

⑥写外部装饰材料名称　利用图例或者文字标注出建筑物外墙或者其分构件所采用的材料、做法等。

(2)识读内容

根据景观建筑立面图,对应平面图,应能识读以下内容:

①图名、比例。

②建筑物的外部形状。

③房屋立面的外形,门窗、檐口、阳台、台阶等形状及位置。

④建筑各部位的标高及相应的尺寸。

⑤房屋外墙表面及各细部的装修做法及施工要求等。

巩固训练

实测园林建筑及其主要构成,如台阶、门窗、雨篷、梁、柱等,绘制平、立、剖面图,理解其组合关系。

自测题

1. 什么叫景观建筑?景观建筑包括哪些内容?
2. 什么叫景观建筑的平面图、立面图?平面图和立面图是怎样形成的?

数字资源

项目4 园林建筑设计图绘制与识读

任务 4-2
绘制与识读景观建筑剖（断）面图

学习目标

【知识目标】
(1) 掌握制图原理并区分景观建筑的各类剖(断)面施工图。
(2) 掌握景观建筑剖面图的图示方法和绘制步骤。
(3) 掌握景观建筑断面图的图示方法和绘制步骤。

【技能目标】
(1) 能识读各种景观建筑剖(断)面施工图。
(2) 能按照制图规范要求绘制景观建筑剖(断)面施工图。

知识准备

1. 景观建筑剖面图、断面图基本知识

图 2-4-41A 所示为踏步(台阶)立体图。若用三视图表示，由于台阶两侧的栏板高于踏步，则在其左侧立面图中踏步将被栏板遮住，只能用虚线画出。为了将左侧立面图中的踏步用实线表示，现假想用一个侧平面(剖切平面)，从踏步中间将台阶剖开(图 2-4-41B)，然后移开观察者与剖切平面之间的台阶部分，将剩下的台阶部分向与剖切平面平行的左侧立投影面投影，所得的投影图称为剖面图(即剖视图)，简称剖面。剖面图除应画出剖切平面截切形体得到的截断面的投影外，还应画出形体剩下部分的投影(图 2-4-41C)。

假想采用剖切平面将形体剖切开后，仅画出剖切平面截切形体得到的截断面的图形，称为断面图，简称断面(或截面)。断面图只需画出截断面的图形(图 2-4-41D)。

建筑剖面图、断面图主要表示建筑内部的空间布置、分层情况，结构、构造的形式和关系，装修要求和做法，使用材料及建筑各部位高度(如房间的高度、室内外高差、屋顶坡度、各段楼梯的数量)等(图 2-4-42)。它与平面图、立面图相配合，可以完整地表达建筑，是建筑施工图中不可缺少的一部分。

在景观建筑施工图中，构件等详图也要绘成剖、断面图(图 2-4-43)。

图 2-4-41　剖面图和断面图的画法

A. 踏步立体图　B. 剖切方法　C. 剖面图表示法　D. 断面图表示法

图 2-4-42　楼梯剖视图

项目4 园林建筑设计图绘制与识读

图 2-4-43 楼梯踏步、扶手、样板详图

1) 景观建筑剖面图示例(图 2-4-44 至图 2-4-47)

图 2-4-44 组合亭平面、剖面图

图 2-4-45 特色廊架剖面图

187

图 2-4-46 挡土墙剖面图

图 2-4-47 仿石坐凳剖面图

2) 景观建筑断面图示例（图 2-4-48、图 2-4-49）

图 2-4-48 组合亭断面图

图 2-4-49　休闲座凳断面图

2. 景观建筑剖面图、断面图绘制原理

建筑剖面图是表示园林建筑内部结构及各部位标高的图样，它是假想在建筑适当的部位作垂直剖切后得到的垂直剖面图（图 2-4-50）。

图 2-4-50　建筑剖面图

剖面图的剖切部位，应根据图纸的用途或设计深度，在平面图上选择能反映全貌、构造特征以及有代表性的部位剖切。如选择内部结构、构造比较复杂和典型的部位，通过门、窗、洞的位置，多层建筑的楼梯间或楼层高度不同的部位。剖面图的图名应与平面图上所标注的剖切符号的编号一致。

与剖面图一样，断面图也是用来表示景观建筑（如柱、梁、板等构件）的内部形状、

结构与构造的图样(图 2-4-48、图 2-4-49)。

任务实施

1. 绘制工具

计算机软件,即园林计算机辅助设计 CAD(AutoCAD 或天正建筑 CAD);若采用手绘制图,选用的工具有铅笔、碳素笔或针管笔、制图模板、三角板和圆规、比例尺等。

2. 绘制方法

(1)绘制景观建筑剖面图

①选择比例 绘制建筑剖面图时可根据建筑物形体的大小选择合适的绘制比例,建筑剖面图所选用的比例一般应与其相应的平面图和立面图相同。

②定位轴线 在剖面图中凡是被剖切到的承重墙、柱等都要画出定位轴线,并注写与平面图相同的编号。

③剖切符号 为了方便看图,要求必须在平面图中明确地表示出剖切符号,并在剖面图下方标注与其相应的图名,如图 2-4-44 所示的"1-1 剖面"。剖切符号包括剖切位置线和剖切方向线,都是用短粗实线表示,剖切位置线长度宜为 6~10mm,剖切方向线宜为 4~6mm。在绘制过程中,剖切位置的选择非常关键,一般选在建筑内部构造有代表性和空间变化较复杂的部位,同时结合所要表达的内容确定,一般应通过门、窗等有代表性的典型部位,而剖切方向线是为了表明剖切后剩下部分形体的投影。

④线型要求 被剖切到的地面线(地平线)用特粗实线绘制。其他被剖切到的主要可见轮廓线用粗实线绘制(如墙身、楼地面、圈梁、过梁、阳台、雨篷等),未被剖切到的主要可见轮廓线的投影用中粗实线绘制,其他次要部位的投影用细实线绘制(如栏杆、门窗分格线、图例线等)。

⑤尺寸标注 水平方向上剖面图应标注承重墙或柱的定位轴线间的距离,垂直方向应标注外墙身各部位的分段尺寸(如门窗洞口、勒脚、檐口高度等)。

⑥标高标注 应标注室内外地面、各层楼面、阳台、檐口、顶棚、门窗台阶等主要部位的标高。

⑦材料图例 形体剖开后,都有一个截口,即截交线围成的平面图形,称为断面。国标规定建筑断面图的轮廓线应用粗实线画出,并在断面图上必须画出建筑材料图例。若不指明材料,可以用等间距、同方向的 45°细斜线来表示断面。一些建筑构配件的断面图按有关标准的规定:在 1∶100~1∶200 的剖视图中,可不画抹灰层,且可用简化的材料图例(如砖墙涂红、钢筋混凝土涂黑),但宜画出楼层的面层线。

⑧图名 图名根据剖切的编号而定,可用阿拉伯数字 1-1、2-2 或大写字母 A-A、B-B 表示,标注与平面图和立面图相应的比例及有关说明等。

(2)绘制景观建筑断面图

景观建筑断面图图示方法同剖面图,两者的区别前文已述,特别强调的是断面图只有 6~10mm 短粗实线,即剖切位置线,断面图的剖切符号和图名宜用阿拉伯数字 1-1、2-2 表示,并按顺序连续编排。

3. 识读内容与方法

①看图名比例 根据图名与平面图对照,确定剖切平面的位置及投影方向。

②看建筑内部的构造、结构形式和所用建筑材料等内容。

③看建筑各个部位竖向尺寸　高度尺寸主要看建筑墙身垂直方向分段尺寸,如门窗洞口、窗间墙的高度尺寸;标高尺寸主要看室内外地面、各层楼面、阳台、楼梯平台、檐口、屋脊、女儿墙、雨棚、门窗、台阶等处的标高。

④看楼地面、屋面的构造。

巩固训练

抄绘某景观建筑的施工图,对照景观建筑实物分析其构造特点,掌握景观建筑剖面图和断面图绘制方法与识读技巧。

自测题

1. 什么是景观建筑剖面图?绘制景观建筑剖面图有哪些规定?怎样标注景观建筑剖面图的尺寸?

2. 什么是景观建筑断面图?绘制景观建筑断面图有哪些规定?怎样标注景观建筑断面图的尺寸?

3. 景观建筑剖面图与断面图有什么区别?

知识拓展

项目 5
植物景观设计图绘制与识读

能准确识读并能规范、美观地绘制各类主要的植物景观设计图(平面图、立面图等);明确植物景观设计图的类型、内容与表现特征;能较熟练地绘制植物的平、立面图。

任务 5-1 绘制与识读种植设计平面图

学习目标

【知识目标】
(1)了解种植设计平面图的基本知识;熟悉种植设计平面图绘制的规范和要求。
(2)掌握种植设计平面图绘制的方法和识读技巧。

【技能目标】
(1)能识读比较复杂的种植设计平面图和施工平面图。
(2)能绘制比较简单的种植设计平面图和施工平面图。

知识准备

1. 种植设计平面图基本知识

1)种植设计平面图表现内容、类型与特点

在植物景观设计的平面图、立面图和效果图中,植物要素的表现有其特殊性、丰富性和一定的规范性。植物景观设计的平面图按设计程度可分为方案设计平面图、详细设计(初步或扩初设计)平面图以及施工设计平面图,其表现的深度和要求也不同;按表现的形式可分为简略的轮廓型平面图、普通枝叶型平面图和质地型平面图;按照范围可分为种植设计总平面图、分区平面图和局部平面详图等。

植物景观设计一般也需要与环境和其他要素相协调,形成以植物景观为主体的综合性平面图。

(1)按设计阶段和程度不同分类

①植物景观方案设计平面图　在植物景观方案设计平面图中，植物一般不标出具体的名称，而是标出植物的大类和基本的空间布局关系(图2-5-1)。植物大类是指如常绿或落叶乔木、常绿或落叶灌木、花灌木、色叶树、针叶或阔叶树、竹类、棕榈科植物、地被、草坪、水生植物(浮叶、沼生、沉水植物等)；也可以进一步细分如常绿大乔木、小乔木、高灌木、矮灌木等；还可以列出基调树种和骨干树种的名称等。表达要简略，大类要明确。同时要表现出植物景观空间布局(类型与序列)的情况，如哪些是空旷空间、哪些是封闭空间、哪些是狭长形空间等要基本明确。

图 2-5-1　植物景观方案设计平面图的表现

②植物景观详细设计平面图　一般用 1∶100～1∶500 的比例，可绘制在一张图纸上，也可分区绘制。在方案设计基础上进行深化和细化，一般要标注植物名称及数量(图2-5-2)。简单的设计可用文字注写在树冠线附近，较复杂的可用数字号码代表不同类种，然后列表说明植物名称、规格等，相同的植物可用细线连接。

当种植设计比较简单时，如上层乔灌木和下层灌木及地被交错部分不大，基本能表达清楚植物景观的详细设计，可在同一张综合性平面图中表现出来；如上层植物与下层植物交错很多，不利于把下层灌木和地被表达清楚，则还要分别画出"上木"(上层树木)和"下木"(下层树木)平面图(图2-5-3、图2-5-4)。苗木名称和数量要列出，规格可标出也可以不标出(图2-5-5)。

③植物景观施工设计平面图　简单的植物景观设计，详细设计平面图即可以作为施工设计平面图。一般情况下也可以理解成为在详细设计平面图的基础上加上坐标或方格

图 2-5-2 植物景观详细（扩初）设计平面图的表现

定位，并标明必要的施工定位尺寸等，尤其是重点植株的坐标位置应在图上标注清楚。苗木统计表要详细、准确列出序号、植物名称、数量、规格、特殊要求等。

（2）按设计表现手法和风格分类

①植物景观设计轮廓型平面图　一般在方案设计中应用，有时也用在详细设计平面图和施工图设计中，主要用圆圈和圆心点来表示。圆圈是树木树冠平面投影的抽象和简化，圆心点表示树干或种植点位置。常绿树有时可加绘45°细实线来表示，也可以用不同色彩及浓淡来表现不同的类型（图2-5-6）。这种表现快速、简练，但树木种类不容易区分，也缺少层次性，美感上略显不足。

②植物景观设计普通枝叶型平面图　在轮廓型的基础上加绘枝条，或者主要以主干和枝条来表现树木平面，增加区分度和层次性，纯枝条的平面一般表现落叶乔灌木，枝

项目 5　植物景观设计图绘制与识读

图 2-5-3　某自然生态园植物景观之上木设计图

图 2-5-4　某自然生态园植物景观之下木设计图

图 2-5-5　植物种植施工图

图 2-5-6　植物平面采用树冠抽象轮廓来表现

条和树冠轮廓结合的枝叶型平面一般表现常绿乔灌木；针叶树和阔叶树用不同的表现形式（图 2-5-7、图 2-5-8）。这种表现形式是最常见和基本的表现类型。

图 2-5-7　植物平面采用简洁枝叶投影来表现

图 2-5-8　植物平面图采用较为细致的枝叶投影来表现

③植物景观设计质地型平面图　是枝叶型表现的细化和深化，并且是对不同植物类型特点比较准确的概括和描绘，能比较细腻明确地表现出植物的不同类型，甚至能较为准确地表现出特定的植物种类如雪松、龙柏、松、竹类和棕榈科植物等；缺点是费时费力。手绘平面图和用 Photoshop(以下简称 PS)绘制的平面又有所不同，手绘可以稍微简略些，只要花工夫也可以绘制得比较细腻(图 2-5-9)；PS 图可以直接用植物的俯视照片来表现，更加逼真(图 2-5-10)。

图 2-5-9　手绘很细致的质地型植物景观设计平面图

项目5 植物景观设计图绘制与识读

图 2-5-10 用 PS 绘制的很细致的质地型植物景观设计平面图

以上几种植物景观平面表现，有时为了增加层次和体积感，增强表现力，可以加绘阴影。

(3) 按设计表现范围和设计深度分类

设计范围不同，设计深度自然也有区别。设计深度一方面受设计阶段的影响，阶段不同，深度不同；另一方面受设计范围的影响，设计范围越大，设计深度一般越浅。因

图 2-5-11 种植设计总平面图

此，从设计总平面图到分区及局部平面图，其设计范围从大到小，而设计深度越来越深，这样才能把各部分的植物景观设计表达清楚。

①种植设计总平面图　整个设计项目的植物景观设计总体平面图(图2-5-11)。

②种植设计分区平面图　将总体平面图分成若干分区(如不同的功能或景观分区)，再将每个分区大比例画出比较详细的设计平面图(图2-5-12)。

图2-5-12　植物景观设计某区域平面图

③种植设计局部(节点)平面详图　在分区平面图的基础上，将关键部分或者比较复杂的部分再放大，画出详细的平面图。如图2-5-13所示，在方案设计中，通常要画出该节点的景点透视图；在施工图绘制中要精确标注坐标尺寸及具体的植物名称、数量、规格、特殊要求等。在实际设计中硬质景观部分也不能割裂开来，也要画到相对应的程度，但应侧重植物的设计和标注。

不论是方案设计图还是施工设计图，一般都有总平面、分区平面及局部平面详图之分。

图 2-5-13　某局部(节点)平面详图

2)种植设计平面图墨线图表现示例

如图 2-5-14 至图 2-5-17 所示，平面墨线图可以单纯地用点、线、面来表示，为了更好地表现层次和体积感，一般可用黑、白、灰 3 种调子来体现，黑和灰的表现可采用疏密交错打线的方法来表现。树木平面可用轮廓型、枝叶型及质地型来表现。

图 2-5-14 平面图表现示例(1)

图 2-5-15 平面图表现示例(2)

图 2-5-16 平面图表现示例(3)

图 2-5-17　平面图表现示例(4)

2. 种植设计平面图表示方法

园林植物是园林设计中应用最多，也是最重要的造园要素。园林植物的分类方法较多，这里根据各自特征，将其分为乔木、灌木、攀缘植物、竹类、花卉、绿篱和草地七大类。这些园林植物由于它们的种类不同，形态各异，因此画法也不同。但一般都是根据不同的植物特征，抽象其本质，形成"约定俗成"的图例来表现的。这些图例按投影原理画，经过抽象和适当的形象化而成，有一定的规范性，但也有一定的随意性。

（1）树木的表示方法

园林植物的平面图是指园林植物的水平投影图（图 2-5-18）。一般采用图例概括地表示，其方法为：用圆圈表示树冠的形状和大小，用黑点表示树干的位置及树干粗细，如图 2-5-19 所示。树冠的大小应根据该植物成龄冠幅按比例画出，成龄的树冠大小见表 2-5-1 所列。

树木绘制为了风格、特色和美观表达的需要可以分为以下几种类型（图 2-5-20）：

①轮廓型　树木平面只用线条勾勒出轮廓，线条可粗可细，轮廓可光滑，也可带有缺口或尖突。

②分枝型　在树木平面中只用线条的组合表示树枝或枝干的分杈。

③枝叶型　在树木平面中既表示分枝又表示冠叶，树冠可用轮廓表示，也可用质感表示。这种类型可以看作是其他几种类型的组合。

图 2-5-18 树木平面图表示类型

图 2-5-19 树木平面图表示方法

表 2-5-1 成龄树的树冠冠径 m

树　种	孤植树	大乔木	中小乔木	常绿乔木	花灌丛	绿　篱
冠　径	10~15	5~10	3~7	4~8	1~3	单行宽度：0.5~1.0 双行宽度：1.0~1.5

④质感型　在树木平面中只用线条的组合或排列表示树冠的质感。

为了能够更形象地区分不同的植物种类，常以不同的树冠线型来表示（图 2-5-21）：针叶树常以带有针刺状的树冠来表示，若为常绿针叶树，则在树冠线内加画平行的斜线；阔叶树的树冠线一般为圆弧线或波浪线，且常绿的阔叶树多表现为浓密的叶子，或在树冠内加画平行斜线，落叶的阔叶树多用枯枝表现。

树木平面画法并无严格的规范，实际工作中根据构图需要，可以创作出许多画法。当表示几株相连的相同树木的平面时，应互相避让，使图面形成整体（图 2-5-22）。当表示成群树木的平面时可连成一片。当表示成林树木的平面时可只勾勒林缘线（图 2-5-23）。

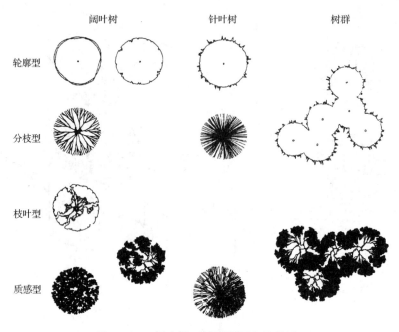

图 2-5-20　树木的 4 种平面图表示类型

图 2-5-21　不同树木的平面图表示形式示例

项目 5　植物景观设计图绘制与识读

图 2-5-22　同种相连树木的平面图画法

图 2-5-23　大片树木的平面图表示法

(2) 灌木和地被的表示方法

灌木没有明显的主干，平面形状有曲有直。自然式栽植灌木丛的平面形状多不规则，修剪的灌木和绿篱的平面形状多规则或不规则但平滑。灌木的平面表示方法与树木类似，通常修剪的大规模灌木可用轮廓型、分枝型或枝叶型表示，不规则形状的灌木平面宜用轮廓型和质感型表示，表示时以栽植范围为准。由于灌木通常丛生，没有明显的主干，因此灌木平面很少会与树木平面混淆(图 2-5-24)。

地被宜采用轮廓勾勒和质感表现的形式。作图时应以地被栽植的范围为依据，用不规则的细线勾勒出地被的范围轮廓。

图 2-5-24　灌木与地被表示法

图 2-5-25　草坪的表示法

(3) 草坪和草地的表示方法

草坪和草地的表示方法很多，下面介绍一些主要的表示方法（图 2-5-25）：

①打点法　是较简单也是最常用的一种表示方法。用打点法画草坪时所打的点的大小应基本一致，无论疏密，点都要打得相对均匀。凡邻近建筑物、构筑物、树木、道路

边缘打点应较密集些,远离这些对象的空旷处应较稀疏,疏密相间以增加平面图的空间层次感。当然,疏密过渡应自然,不能太突然。

②小短线法　将小短线排列成行,每行之间的距离相近,排列整齐,可用来表示修剪草坪;排列不规整的可用来表示草地或管理粗放的草坪。

③线段排列法　要求线段排列整齐,行间有断断续续的重叠,也可稍留些空白或行间留白。另外,也可用斜线排列表示草坪,排列方式可规则,也可随意。

任务实施

1. 绘制工具

圆模板、铅笔、绘图钢笔、图板、丁字尺、三角板和多用圆规等,图纸可用A4~A2幅面的,课堂训练可用普通白纸,最好用打印纸;绘制正图应采用专用制图纸。

2. 绘制方法

(1) 绘制步骤

如画纯植物平面,可用铅笔借助圆模板先画出圆点和圆周,以控制植物种植点和平面大小;再根据植物类型用绘图钢笔徒手画出植物平面图例。如画种植总平面图,应先利用相关工具画出建筑、道路和水体,再确定植物位置和大小,然后手绘完成。

种植设计图一般用1:100~1:500的比例,可绘制在一张图纸上,也可分区绘制。种植设计图主要是平面图,游园中的树丛、树群及花坛设计应配以透视图或立面图,以反映植物景观效果。绘图步骤如下:

①用粗绘图钢笔描建筑平面,中粗笔画道路、水池等构筑物,红色墨水绘图钢笔画管线平面位置。

②确定各种树木的种植位置,根据设计要求,在图纸上标出种植位置。

③分别画出不同树种的树冠线,树冠的平面符号应能在图纸上区分大乔木、中小乔木、常绿针叶树、花灌木等。

④标注树种名称及数量。简单的设计可用文字注写在树冠线附近,较复杂的种植设计,可用数字号码代表不同树种,然后表列说明树木名称和数量。相同的树木可用细线连接。

⑤注明株行距和定点放线的依据。成排种植的树木,在种植地段上标注几处即可。要把自然种植的树木之间的距离都标注在图纸上是很困难的,这时只标注重点树木的施工定点尺寸,一般树木可根据地物与自然点的大致距离来确定种植位置。也可以在种植设计图上按一定距离画方格网,这时重点树的坐标位置也应在图上标注清楚。

⑥在图纸空白处作苗木统计表,表明树种、数量、规格和苗木来源。

⑦写设计说明,画指北针、比例尺和标题栏。

(2) 现状植物的表示

如果基地中有需要保留的植被,应使用测量仪器测出设计范围内保留植被种植点的坐标数据,叠加在现状地形图上,绘出准确的植物现状图,利用此图指导方案的实施。在施工图中,用乔木图例内加画一个三角形的方法区分原有树木与设计树木,再在说明中讲明其区别(如果国家制图规范有此规定,则不必再加文字说明)。

(3)图例及尺寸标注

植物种植形式可分为点状种植、片状种植和草皮种植3种类型,从简化制图步骤和方便标注角度出发,可用不同的方法进行标注。

①行列式栽植　行列式栽植形式(如行道树、树阵等)可用尺寸标注出株行距,始末树木种植点及其与参照物的距离。

②自然式栽植　自然式栽植形式(如孤植树),可坐标标注种植点的位置或采用三角形标注法进行标注。孤植树往往对植物的造型、规格的要求较严格,应在施工图中表达清楚,除利用立面图、剖面图表示外,可与苗木表相结合,用文字来加以标注。

片植、丛植:施工图应绘出清晰的种植范围边界线,标明植物名称、规格、密度等。对于边缘线呈规则的几何形状的片状种植,可用尺寸标注方法标注,为施工放线提供依据,而对边缘线呈不规则曲线的片状或图案种植,应绘坐标网格,并结合文字标注(图 2-5-26、图 2-5-27)。

图 2-5-26　拼图灌木施工放样图

草皮种植:草皮用打点的方法表示,应标明草种名称及种植面积等。设计范围的面积有大有小,技术要求有繁有简,如果都只画一张平面图很难表达清楚设计思想与技术要求,制图时应区别对待。对于景观要求细致的种植局部,施工图应有表达植物高低关系、植物造型形式的立面图、剖面图、参考图或通过文字说明与标注。

此外,对于种植层次较为复杂的区域应该绘制分层种植图,即分别绘制上层乔木的种植施工图和中下层灌木、地被等的种植施工图,其绘制方法与要求同上。

项目 5 植物景观设计图绘制与识读

图 2-5-27 不规则片状灌木施工放样图

3. 识读技巧

先明确图中建筑、道路和水体，再明确哪些是植物平面，然后辨别乔木、灌木、地被和草坪。乔木和灌木通常有常绿和落叶、阔叶和针叶之分，如有文字说明和标注，应以文字说明和标注为准。

巩固训练

抄绘由老师提供的典型植物景观设计平面样图一张，幅面大小为 A3。

自测题

1. 植物平面与建筑平面形成的原理和表现有什么异同点？
2. 不同类型植物的平面表现如何区分？
3. 如何把握植物平面表现的规范性和灵活性？

数字资源

任务 5-2 绘制与识读植物景观设计立（剖）面图

学习目标

【知识目标】
(1) 了解植物景观设计立（剖）面图形成的基本原理和知识；熟悉植物景观设计立（剖）面图绘制的规范和要求。
(2) 掌握植物景观设计立（剖）面图绘制的方法和识读技巧。

【技能目标】
(1) 能识读比较复杂的植物景观设计立（剖）面图和施工立（剖）面图。
(2) 能绘制比较简单的植物景观设计立（剖）面图和施工立（剖）面图。

知识准备

1. 植物景观设计立（剖）面图的基本知识

1) 植物景观的立面示例

在园林设计图表现中，植物景观设计、建筑和环境的绿化配景的立面图和透视图中，都要用到植物的立面效果（图 2-5-28、图 2-5-29）。在一般的立面图中，植物的明暗对比、立体感和层次感表现得弱一些，在透视图中，植物效果表现得强一些。

图 2-5-28 植物在景观立面图中的表现效果

项目 5 植物景观设计图绘制与识读

图 2-5-29 植物在景点透视图中的表现效果

植物有大小、形态、色彩、质感和常绿与落叶之分，在表现的时候要根据景观设计的需要、树木的特点进行刻画。树木的分枝和叶的多少决定了树冠的形状和质感。当小枝密集、叶繁茂时，树冠的团块体积感强，小枝通常不易见到。树冠的质感可用短线排列法、叶形或乱线组合法表现。其中，短线排列法常用于表现松柏类的针叶树，也可表现近景叶形相对规整的树木；叶形或乱线组合法常用于表现阔叶树，其适用范围较广，如近景中叶形不规则的树木多用乱线组合法表现。应根据树木的种类、远近、叶的特征选择适合的表示方法。

自然界树木千姿百态，由于树种的不同，其树形、树干纹理、枝叶形状表现出不同的特征。为了在以后的工作中更准确地表达设计意图，初学者需对树木的不同形态特征做深入的了解（图 2-5-30 至图 2-5-33）。

图 2-5-30 各种树形示例

图 2-5-31 枝干型树形示例

图 2-5-32 特殊型树形示例

图 2-5-33　树干的结构形态

2)植物景观的剖面示例

在设计图中，植物本身不画剖面，因为没有意义，但植物与其他要素组成的景观有时要绘制剖面图，画剖面的部分主要是与植物景观紧密结合的地形、建筑或构筑物等，而植物本身画成一般的立面，可只画植物轮廓，也可画细致的植物立面(图 2-5-34)。

图 2-5-34　树坛剖面图

2. 植物景观设计立(剖)面图的形成原理

1)植物景观设计立面图形成原理

植物及植物景观立面即植物景观在正立投影面上的投影，由于植物的特殊性和自然性，不可能像建筑那样准确而严谨地绘制，也没必要绘制得很精确。因为建筑是要人们建造的，要严格按尺寸材料去施工；而植物仅仅是到苗圃里选择，因而只要简略近似地画出其形态特征即可，当然也要注意绘图的艺术效果。

植物立面的绘制，一般重点是画出树木的立面外轮廓，然后适当地刻画枝叶、树干及质地等，几种树木组成景观时，要注意林冠线的曲折变化、层次和虚实关系。立面图中植物景观的刻画可简略些，体积感和阴影要淡化；而透视图中的植物立面效果要注意体积感的塑造、明暗变化、远近层次等（图 2-5-35 至图 2-5-41）。

图 2-5-35　植物景观（与其他要素搭配）立面图示例

图 2-5-36　单株乔木立面图示例

图 2-5-37　单株灌木立面图示例

图 2-5-38　绿篱立面图示例

图 2-5-39　植物景观立面图示例

2)植物景观设计剖面图形成原理

在植物景观设计中,植物本身是不画剖面的;换句话说,植物景观设计剖面图其实剖切的不是植物,而是剖切树木的种植池及地面,以展示植物种植的具体位置和种植池的连接节点,以及植物与其他设施之间在高程上的变化。因此,所谓植物景观设计剖面图中的植物展示的还是植物的外在立面,而硬质景观(如种植池)剖到的部分要用粗实线表现出来,以明确剖面图中的剖切部分(图 2-5-40、图 2-5-41)。

图 2-5-40 植物景观设计剖面图示例(1)

图 2-5-41 植物景观设计剖面图示例(2)

任务实施

1. 绘制工具

植物立面主要采用徒手绘制,故主要工具有铅笔、各类墨水笔,图纸可选用 A2~A4 幅面,课堂上课用 A2 幅面的图板,也可用课桌桌面;在外写生描绘可用速写本或其他工具替代。初学者可用素描表现,以后也可上色,如用彩色铅笔、马克笔等,一般以钢笔淡彩为宜。

2. 绘制与识读植物景观设计(立)剖面图

(1)树木立面轮廓画法

自然界中的树木千姿百态,有的顾长秀丽,有的伟岸挺拔,各具特色。各种树木的枝、干、冠构成以及分枝习性决定了各自的形态和特征。因此画树木时,应学会观察各种树木的形态、特征及各部分的关系,了解树木的外轮廓,整株树木的高宽比和干冠比，树冠的形状、疏密和质感，掌握冬态落叶树的枝干结构。树木临摹或写生的一般步骤如下（图 2-5-42）：

①确定树木的高宽比，画出四边形外框，若外出写生则可伸直手臂，用笔目测出大约的高宽比和干冠比。

②略去所有细节，只将整株树木作为一个简洁的平面图形，抓住主要特征修改轮廓，明确树木的枝干结构。

③分析树木的受光情况。

④选用合适的线条体现树冠的质感和体积感、主干的质感和明暗，并用不同的笔法表现远、中、近景中的树木。

树木的表现有写实的、图案式的和抽象变形的 3 种形式。写实的表现形式较尊重树木的自然形态和枝干结构，冠叶的质感刻画得也较细致，显得较逼真，即使只用小枝表示树木也应力求其自然错落。图案式的表现形式较重视树木的某些特征，如树形、分枝等，并加以概括以突出图案的效果，因此，有时并不需要参照自然树木的形态而可以很大程度地发挥，而且每种画法的线条组织常常都很程式化。抽象变形的表现形式虽然也较程式化，但它加入了大量抽象、扭曲和变形的手法，使画面别具一格。

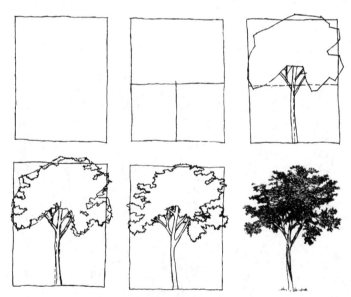

图 2-5-42 树木临摹和写生的一般步骤

（2）树木枝干画法

画树应先画枝干，枝干是构成整株树木的框架。画枝干以冬季落叶乔木为佳，因为其结构和形态较明了，应注重枝和干的分枝习性。分枝应讲究粗枝的安排、细枝的疏密以及整体的均衡。主干应注意主、次干和粗枝的布局安排，力求重心稳定、开合曲直得当，添加小枝后可使树木的形态栩栩如生（图 2-5-43、图 2-5-44）。

（3）树木叶丛画法

树形可以叶丛的外形和枝干的结构形式为其特征，后者也常见于画面。尤其在建筑物前，为了减少对建筑物的遮挡，常以枝干的表现为主。也可以叶丛的外形为主表现树形（图 2-5-45）。

图 2-5-43　树木枝干画法步骤

图 2-5-44　树干纹理的表现

（水平型纹理要注意透视效果，主干的纹理在视平线上、下的弯曲方向是相反的。另外，枝干前伸与后伸的纹理弯曲方向也是有显著差别的）

图 2-5-45　叶丛的表现

（4）树丛立面（植物景观）画法（图 2-5-46、图 2-5-47）

图 2-5-46　树丛立面表现示例（1）

图 2-5-47　树丛立面表现示例（2）

（5）景点透视中树丛立面（植物景观）画法（图 2-5-48、图 2-5-49）

图 2-5-48　景点透视中树丛立面表现示例（1）

项目5 植物景观设计图绘制与识读

图 2-5-49　景点透视中树丛立面表现示例(2)

巩固训练

参考下面几幅图，图 2-5-50 至图 2-5-52 进行课堂绘制训练。注意植物景观设计图绘制中平面与立面的对应关系。

课外以抄绘临摹老师提供的范图为主，并抽时间在校园里选择树木进行写生练习。

图 2-5-50　树木平、立面图表现手法的统一(1)

223

图 2-5-51　树木平、立面图表现手法的统一（2）

项目 5　植物景观设计图绘制与识读

图 2-5-52　树木平、立面图表现手法的统一(3)

自测题

1. 山石、水体、植物、建筑在平面图和立面图表现中有什么区别？
2. 注意区别以树冠树叶为主的乔木和冬季落叶乔木立面的表现技巧。
3. 临摹和写生是植物立面表现的两个不可或缺的环节，你认为临摹和写生学习的核心分别是什么？

知识拓展

项目 6
园林效果图绘制与识读

熟悉透视图和轴测图绘制的基本原理和知识;掌握园林景物或建筑的效果图(轴测图、景点透视图、园林景物鸟瞰图等)绘制的基本方法;能绘制园林景物或建筑的轴测图与景点透视图;能绘制园林景物整体环境的鸟瞰图。

任务 6-1 绘制与识读工程轴测图

学习目标

【知识目标】
(1)熟悉正等测图、正二轴测图、正面斜轴测图、水平斜轴测图形成的基本原理。
(2)掌握几种主要轴测图的绘制方法。

【技能目标】
(1)会绘制园林景物(建筑)轴测图。
(2)会进行建筑轴测图与三视图的转换绘制。

知识准备

1. 工程轴测图的基本知识

1)轴测图的用途

为了施工图中直观性详图表现效果、快速表现园林景物立体效果(图 2-6-1)、建筑单体与组合景观效果(图 2-6-2、图 2-6-3)以及室内设计效果(图 2-6-4)的需要等,一般都采用轴测效果来表现。轴测图虽然不如透视图真实和生动,但绘制快速、简单,而且没有透视变形,还能度量尺寸,故应用还是比较广泛的。

图 2-6-1 景观构造的直观性详图

项目6 园林效果图绘制与识读

图 2-6-2 用轴测图直观表示房屋构件的构造与结构

图 2-6-3 用轴测图表示庭院景观效果

图 2-6-4 用轴测图表示室内设计效果

2) 轴测图的形成及基本特征

在前面的学习中，一般采用正投影图表达建筑形体的形状和大小，如图 2-6-5A 所示，将物体放于 3 个相互垂直的投影面之间，并使物体的坐标轴线方向与 3 个投影面交线（投影轴）方向一致，然后用 3 组分别垂直于各投影面的投射线进行投射而得到正投影图。正投影图能够准确地表达建筑形体一个方向上的形状和大小，但是它不能反映形体的空间形状，缺乏立体感；而图 2-6-5B 所示的轴测图则有立体感。

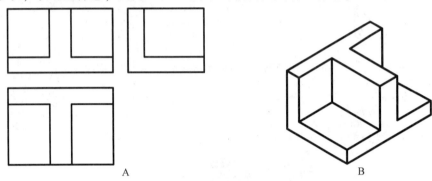

图 2-6-5　正投影图与轴测图
A. 正投影图　B. 轴测图

（1）轴测图的形成

如图 2-6-6 所示，如果改变形体对投影面的相对位置，或者改变投射线的方向，使投影线（每条投射线互相平行）相对于物体的 3 个轴线都倾斜，则能得到富有立体感的平行投影，这种能反映形体 3 个面的投影称为轴测投影。用轴测投影方法绘制的投影图称为轴测图。

图 2-6-6　轴测图的形成

在轴测投影中，轴测投影所在的平面 P 称为轴测投影面。3 个直角坐标轴 OX、OY、OZ 的轴测投影 O_1X_1、O_1Y_1、O_1Z_1 称为轴测投影轴（简称轴测轴）。轴测轴上某段长度与它的实长之比，称为该轴的轴向伸缩系数（简称伸缩系数或轴向伸缩率）。X、Y、Z 轴的伸缩系数分别为 p、q、r，即：$p = O_1X_1/OX$；$q = O_1Y_1/OY$；$r = O_1Z_1/OZ$；轴的伸缩系数 ≤1。

（2）轴测投影（图）的基本特征

轴测投影是利用平行投影绘制的，具有平行投影的投影特性。

① 平行性　空间相互平行的直线，它们的轴测投影也相互平行。因此，形体上平行于 3 个坐标轴的线段，在轴测投影图上，都分别平行于相应的轴测轴。

② 定比性　空间相互平行的两线段长度之比，等于它们平行投影的长度之比。因此，平行于坐标轴的线段其轴测投影长度与原长度之比等于相应的轴向伸缩系数。

③ 实形性　空间平行于轴测投影面的直线和平面，在轴测图上反映实长和实形。

轴测图虽然也有较强的立体感，但与我们日常观察到的园林实景（透视图）不同，没有"近大远小"的透视变形。由于轴测图绘制比透视图更快捷、方便，因此也可作为效果图或者施工图中的直观详图。

3) 轴测图常见类型与特点

由上可知，投影面、形体和投影线的位置不同，得出的轴测图也不同。一般根据轴测投影方向与轴测投影面的关系不同，将轴测图分为正轴测图和斜轴测图两大类：当轴测投影线与投影面垂直时，得到的轴测投影图为正轴测图；当轴测投影线与投影面倾斜时，得到的轴测投影图为斜轴测图。其中正轴测图可分为正等测图和正二测图，斜轴测图可分为正面斜轴测图和水平轴测图。各种轴测图的轴向伸缩系数也不相同，投影后的轴间角也由原来的90°发生变化，一般有等于90°、大于90°、小于90°这3种（表2-6-1）。

表2-6-1 常用轴测图的轴间角、轴向伸缩系数、简化伸缩系数及示例

种类		轴间角	轴向伸缩系数	轴测图示例
正轴测图	正等测图	Z轴与X轴、Y轴间角均为120°，X轴与Y轴分别与水平线成30°、90°	$p=q=r\approx 0.82$（简化伸缩系数：$p=q=r=1$）	立方体图，边长为1
	正二测图	$\approx 7°10'$，$\approx 41°25'$，Z轴90°	$p=r\approx 0.94$，$q\approx 0.47$（简化伸缩系数：$p=r=1$，$q=1/2$）	长方体图，边长分别为1、1/2、1
斜轴测图	正面斜轴测图	30°、45°、60°（一般取45°）	$p=q=r=1$	立方体图，边长为1
			$p=r=1$，$q=1/2$	长方体图，边长分别为1、1/2、1
	水平斜轴测图	Y轴60°，X轴30°，Z轴垂直	$p=q=r=1$	立方体图，边长为1

(1) 正等测图

空间形体的 3 个坐标轴与轴测投影面的倾角相等时,轴间角相等,轴向伸缩系数也相等,这样得到的正轴测投影即为正等测图(图 2-6-7)。

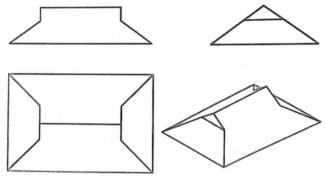

图 2-6-7　屋顶的正轴测图

(2) 正二测图

当 3 个坐标轴只有两个与轴测投影面的倾角相等时,这两个轴的轴向伸缩系数一样,有两个轴间角相等,这样得到的正轴测投影称为正二测图(图 2-6-8)。

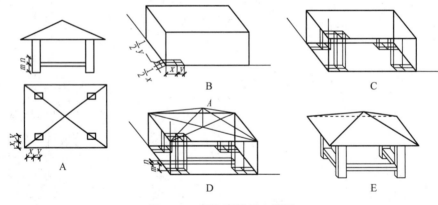

图 2-6-8　四角亭的正二测图

(3) 正面斜轴测图

当空间形体的正面平行于正平面,而且以该正平面作为轴测投影面时,所得到的斜轴测投影称为正面斜轴测图。它的特点是:空间形体的正立面,其轴测投影不发生变形,反映实形。轴测轴 O_1Y_1 的方向可根据作图需要选择,如图 2-6-9 所示。图 2-6-10 为预制混凝土花饰的正面斜轴测图。

(4) 水平斜轴测图

当空间形体的底面平行于水平面,而且以该水平面作为轴测投影面时,所得到的斜轴测投影称为水平斜轴测图。它的特点是:空间形体的水平面,其轴测投影不发生变形,反映实形。

项目6 园林效果图绘制与识读

图 2-6-9 正面斜轴测图四种形式

图 2-6-10 预制混凝土花饰的正面斜轴测图

水平斜轴测图适用于水平投影较为复杂的形体，如房屋的平面图，常根据房屋的水平剖面来绘制，能清晰地反映出房屋的内部布置，如图 2-6-4 所示；或根据一个区域的总平面图，表达设计地块与周围道路、环境的关系以及区域内建筑的总体布局、道路、设施等，如图 2-6-11 所示。水平斜轴测图与透视图中的鸟瞰图有类似的表达效果，也被称为轴测鸟瞰图。作图时只需将平面图转动一个角度，然后在各建筑物平面的转角处画垂线，再量出各建筑物的高度，即可画出其水平斜轴测图。

总平面图　　　　　　　　旋转30°后，按各房屋的实际高度作竖向高度

图 2-6-11 建筑小区的水平面斜轴测图

231

2. 轴测图绘制原理

1) 正轴测图绘制原理

(1) 正等测图

由于形体的3个坐标轴与轴测投影面的倾角相等，则3个轴测轴之间的夹角也一定相等，即每两个轴测轴之间的夹角均为120°；作图时，规定把 O_1Z_1 轴画成铅垂线，故其余两轴与水平线的夹角为30°，可直接用三角板配合丁字尺作图，所以正等测图的轴测轴画法比较简便，如图2-6-12所示。

图 2-6-12　正等测图的轴测轴画法

(2) 正二测图

正二测图的轴测轴形成的条件是：当3个坐标轴只有两个（通常是 OX 和 OZ 轴）与轴测投影面的倾角相等时，这两个轴的轴向伸缩系数一样，有两个轴间角相等；而且投影以后的 O_1Z_1 轴不一定处在铅垂状态。正二测的轴测轴画法，习惯将 O_1Z_1 轴仍然画成铅垂线，O_1X_1 轴与水平线的夹角为 $7°10'$，加90°就是 O_1X_1 轴与 O_1Z_1 轴的轴间角，等于 $97°10'$；O_1Y_1 与水平线的夹角为 $41°25'$，加90°就是 O_1X_1 轴与 O_1Y_1 轴的轴间角或 O_1Z_1 轴与 O_1Y_1 轴的轴间角，等于 $131°25'$，也就是 O_1Y_1 轴平分 $\angle X_1O_1Z_1$（图2-6-13A）。画轴测轴时可用近似方法作图，即分别采用 $1:8$ 和 $7:8$ 作直角三角形，再利用其斜边求得（图2-6-13B）。

图 2-6-13　正二测图的轴测轴画法

2) 斜轴测图绘制原理

常用的斜轴测图有两种，即正面斜轴测图和水平斜轴测图。正面斜轴测图和水平斜轴测图又都称为斜二测图，简称斜二测。

（1）正面斜轴测图

形成的原理是形体正立面与投影面平行，即摆放位置与正投影中形体位置一致，但投射线方向与投影面是倾斜的，以立方体为例，在投影面上就投射出形体的3个面。由于形体的正面与投影面平行，其投影反映实形，所以 O_1X_1 轴和 O_1Z_1 轴向及与之相平行的直线变形系数为1，即 $p=r=1$；投射线的方向不同，O_1Y_1 轴的倾斜度也不同，它和水平线的夹角可以为任意角度，一般取 45°或 135°，而 O_1Y_1 轴向变形系数通常取 0.5，如图 2-6-14 所示。

图 2-6-14　正面斜轴测图的形成及轴测轴画法

图 2-6-15　水平斜轴测图的形成和轴测轴画法

(2) 水平斜轴测图

当空间形体的底面平行于水平面，而且以该水平面作为轴测投影面时，所得到的斜轴测投影称为水平斜轴测图。它的特点是：空间形体的坐标轴 OX 和 OY 平行于水平的轴测投影面，所以 OX 和 OY 或平行 OX 及 OY 方向的线段的轴测投影长度不变，即伸缩系数 $p=q=1$，其轴间角为 $90°$。

坐标轴 OZ 与轴测投影面垂直。由于投影线方向 S 是倾斜的，轴测轴 O_1Z_1 则是一条倾斜线。但习惯上仍将 O_1Z_1 画成铅垂线，而将 O_1X_1 和 O_1Y_1 相应偏转一个角度。伸缩系数 r 应小于 1，但为了简化作图，通常仍取 $r=1$；有时也可取 $r=0.5$，如图 2-6-15 所示。

任务实施

1. 绘制工具

绘制轴测图一般选用 2 号图板及配套的丁字尺、三角板，另外还需要多用圆规和建筑模板等；制图铅笔可选用中华牌系列的如 2H、HB、2B 等，打底稿要求用 2H 等硬一点铅笔，加粗可用较软的 HB、2B 等铅笔；如要上正图，一般用针管笔，在底稿图上直接按要求用不同粗细的针管笔加绘；课堂训练用纸可采用 A4、A3 的普通白纸或打印纸，课外作业（含考核作业）要求用 A3、A2 的正规图纸绘制。

其他辅助工具包括：单面刀片，削铅笔用；双面刀片，刮画错的墨线，也可用来裁纸；橡皮，擦铅笔线；排刷，用来清理橡皮末和纸屑等。

2. 绘制方法

轴测图绘制需要两个前提条件：一是掌握轴测图的轴测轴画法（含各个轴向变形系数）；二是正确识读景物的三视图。可以借助景物的轴测图来画景物的三视图，反之，也要依据景物的三视图来准确绘制轴测图（图 2-6-5）。

（1）正等轴测图绘制方法

画正等轴测图时，首先应对形体（或所给形体的正投影图）作初步分析。为使形体充分表示清楚，应确定形体在坐标轴间的方位（如果按形体的正投影绘制轴测投影，则可直接选用形体在坐标轴间的位置），即合适的观看角度，然后画出轴测轴，并按轴测轴方向正等测的伸缩系数（用简化系数为 1），确定形体各顶点及主要轮廓线段的位置，最后画出形体的轴测投影。作图时应当注意，平行于坐标轴的线段，在轴测图中应与对应的轴测轴平行，而且只有这种平行于坐标轴的线段，才可按简化系数 1 量取。

根据形体特点，通过形体分析可选择各种不同的作图方法，如叠加法、切割法和坐标法等。

[例 2-6-1] 如图 2-6-16A 所示，根据已知柱基础的正投影图，求作它的正等测图。

分析：从图 2-6-16A 正投影中可以看出，这是由 3 个四棱柱体上下叠加而成的柱基础。这类形体适合用叠加法求作。

作图：

① 画轴测轴，作出底部四棱柱 A 的轴测图（图 2-6-16B）。

② 在四棱柱 A 的上表面中心位置，作出四棱柱 B 的轴测图（图 2-6-16C）。

③ 用同样方法作出顶部四棱柱 C 的轴测图（图 2-6-16D）

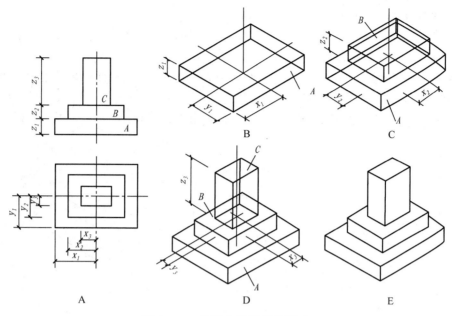

图 2-6-16　用叠加法画正等测图

④擦去被遮挡的棱线和轴测轴，加深图线，即得柱基础的正等测图(图 2-6-16E)。

[**例 2-6-2**] 如图 2-6-17A 所示，根据已知形体的正投影图，求作它的正等测图。

分析：如图 2-6-17A 所示的正投影图是由一个长方体切去一个三棱柱和一个四棱柱所形成的，这种形体适合用切割法作图。

作图：

①画轴测轴，作出长方体的轴测图(图 2-6-17B)。

②切去三棱柱 A(图 2-6-17C)。

图 2-6-17　用切割法画正等测图

③切去四棱柱B(图2-6-17D)。

④擦去多余的轮廓线和轴测轴(注意形体被切割后所产生的表面交线,哪些应擦去,哪些应保留),最后加深图线(图2-6-17E)。

[例2-6-3] 如图2-6-18A所示,根据已知四坡房屋的正投影图,求作它的正等测图。

分析:如图2-6-18A,四坡屋顶可分解为上、下两个部分,即下部的四棱柱(墙身)和上部具有倾斜表面的屋顶。对此类形体,常采用坐标法作图。

作图:

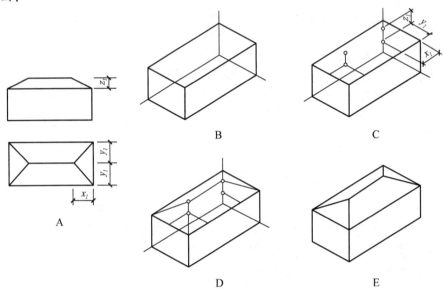

图2-6-18 用坐标法画正等测图

①画轴测轴,先作出下部四棱柱的轴测图(图2-6-18B)。

②在四棱柱的上表面,沿轴向分别量取x_1和y_1,得交点,过交点作垂线,在垂线上量取z_1(图2-6-18C)。

③连中央屋脊线和4条斜脊线(图2-6-18D)。

④擦去多余的图线和轴测轴,加深图线,即得四坡房屋的正等测图(图2-6-18E)。

通过上面的例题,介绍了叠加法、切割法和坐标法3种轴测图的作图方法。在实际作图中,遇到比较复杂的形体时,上述3种方法可以综合运用。

(2)正二测图绘制

学会了绘制正等侧轴测图的方法就能绘制正二测轴测图;所不同的是轴测轴的轴间角不同;而且进深方向(即OY轴方向)变形系数取0.5,即取实际长度的一半。其他两个轴向量取实际长度即可。

[例2-6-4] 如图2-6-19A所示,已知钢筋混凝土杯形基础的正投影图,求作剖去形体1/4的正二测图。

分析:这是由一个杯形基础切去1/4形体后形成的,适合用切割法作图。

作图:

①作出未剖切前基础的正二测图(图2-6-19B)。

②沿对称平面将基础1/4切去。

a. 作两剖切平面与基础表面的交线，即为各边中点的连线（图2-6-19C）。

b. 擦去被剖切部分（图2-6-19D）。

c. 作出基础底面与两剖切平面的交线，它们应平行于 O_1X_1 和 O_1Y_1 轴并相交于 A_1（图2-6-19E）。

d. 作出两剖切平面的交线 A_1B_1。它与 O_1Z_1 平行，等于基础底面至杯口底面的距离 z（图2-6-19F）。

e. 以 B_1 为中心，作杯口的底面（图2-6-19G）。

f. 连接杯口顶面与底面的对应顶点，再连接侧面及底面与剖切平面的交线（图2-6-19H）。

③加深图线，完成轴测图（图2-6-19I）。

图2-6-19 杯形基础带截面的正二测图

（3）正面斜轴测图绘制

[例2-6-5] 如图2-6-20A所示，根据已知台阶的正投影图，求作它的正面斜轴测图。

分析：由于正面斜轴测图中 OX 和 OZ 轴不发生变形，故常利用这个特点，即将形体轮廓比较复杂或有特征的面放在与轴测投影面平行的位置,这样作图比较方便。

作图:

①画轴测轴,并按台阶正投影图中的 V 面投影,作出台阶侧面的轴测投影因台阶侧面平行于轴测投影面,故两者图形不变(图 2-6-20B)。

②过台阶侧面轮廓线的各转折点,作 45°斜线(图 2-6-20C)。

③按伸缩系数,在各条斜线(即 OY 轴的轴向线段)上量取正投影中原线段的长度 OY 轴方的 1/2,并连接各点(图 2-6-20D)。

④擦去轴测轴,加深图线,即得台阶的正面斜轴测图(图 2-6-20E)。

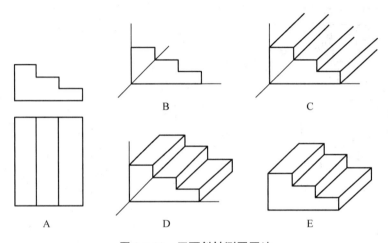

图 2-6-20　正面斜轴测图画法

(4)水平斜轴测图绘制

[例 2-6-6] 如图 2-6-21A 所示小庭院的平面图,绘制其水平斜轴测图。

分析:水平斜轴测图中,平面图不发生变形,OX、OY 轴之间成 90°,轴向变形系数 p、q 为 1,OZ 轴向变形系数也取 1,由于高度方向习惯是铅垂方向,因此,必须旋转平面图才能完成,一般转动 30°,即建筑的长边(OX 轴)与水平线的夹角等于 30°。

作图:

①根据小庭院平面图的形式与内容,在水平投影图上包含图形整体轮廓作平面方格网。

②确定轴测轴,将平面方格网沿轴测轴的方向按比例画出,得到轴测方格网(图 2-6-21B)。

③将小庭院的平面布局内容按绘制好的轴测方格网画在轴测图中。

④沿 OZ 轴向上引垂线,绘制出廊架、景墙及内部构筑物的轮廓(图 2-6-21C)。

⑤完善细节,增添乔灌木。

⑥运用自然的手法表现植物,整理图面,加粗图线,完成作图(图 2-6-21D)。

图 2-6-21 小庭院的水平斜轴测图

3. 识读技巧

轴测投影图识读主要解决两个问题：一是判断轴测图的类型；二是识别轴测图各个面和不同方向上每条线的位置关系和特点。

（1）判断轴测图的类型

根据轴测图的三维坐标轴线的轴间角、轴向变形系数（一般要借助物体的三视图尺寸）等来判断轴测图的类型，有时也可以从轴测图中水平面或立面的变形情况初步判断该轴测图是正等测图、正二测图、水平斜轴测图或是正面斜轴测图。

（2）判断轴测图线面位置和特点

在明确了轴测图的类型以后，就可以判断轴测图的各表面的位置关系和形状，以及线的位置关系和长短情况。与轴测轴方向一致的直线位置和大小很容易判别，而与轴测轴方向不一致的直线位置和大小要仔细分析判断，不可轻易得出结论，如四坡顶的房屋，四条坡脊线坡度和大小是一致的，但在轴测图中会感觉不一样，故要仔细分析、判断和识读。

巩固训练

在一张 A2 幅面的图纸上绘制圆拱门的正二测图和正面斜轴测图。

自测题

1. 几种轴测图形成的条件和表现的意义分别是什么？
2. 正等测图和斜轴测有哪些区别？
3. 轴测变形系数为什么小于 1？
4. 轴测投影与正投影有哪些区别？
5. 什么情况下适合画正面斜轴测图？什么情况下适合画水平面斜轴测图？

数字资源

项目6 园林效果图绘制与识读

任务 6-2
绘制与识读园林景点透视图、平视图

学习目标

【知识目标】
(1) 熟悉园林景点透视图的绘图原理。
(2) 掌握正常高度下的景点透视图的求作方法。

【技能目标】
(1) 会用视线法和量点法绘制一点透视和两点透视。
(2) 会用集中真高线法求作景点透视效果图。

知识准备

1. 园林景观透视图基本知识

1) 园林景观透视图作用

透视是日常生活中的常见现象。园林景点透视图指的是在某个固定视角所见到的园林景物局部透视效果图,一般在人的正常视高下所绘制的透视图,偶尔也包括局部鸟瞰图。园林景点透视图的主要作用有两点:第一,便于设计师审视自己的设计作品,推敲完善方案;第二,让业主(包括会审专家)更加直观地审视作品景观效果,便于提出修改、完善方案的意见。如果是房地产中的园林景观设计,其景点透视图则具有营销推广的作用,使业主能直观地见到预期的环境效果。

2) 园林景观透视图特点

园林景观透视图从表现的内容来看可以是建筑、植物、山水和道路广场的单体,也可以是园林综合景观。园林景观透视图的重点是求作建筑透视图,根据建筑效果和氛围表现的需要,确定适合的透视条件(站点的位置、视高、视距以及建筑与画面的位置关系等),再进行透视效果图绘制。园林建筑透视图应以简洁为主,配景为辅,配景应以总平面图的环境为依据进行取舍,避免遮挡建筑物。

含有建筑的透视图,通常通过建筑和道路的线条变化,如近高远低、近大远小、近宽远窄等变化来展示。植物的透视也同样有近大远小、近高远低等特点,但没有建筑线条的变化那样明确和精细。但不论是纯植物景观还是建筑与植物结合的景观,需要细致刻画时,还应表现出质地粗细、色彩浓淡、远近虚实等透视变化,使得园林景观透视图更加精准、丰满、细腻和美观。

从图 2-6-22 可以看出,透视图具有以下特征:
① 近高远低 等高的物体,在透视图中,距视点近的高、远的低。
② 近大远小 等体量的构件,距视点近的透视投影大、远的透视投影小。
③ 近疏远密 等距离的物体,在透视图中,距视点近的物体距离疏、远的密。
④ 水平线交于一点 平行的水平线,在透视图中,延长后交于一点。

图 2-6-22 透视现象

2. 透视图原理及种类

1）透视图形成

透视图和轴测图一样，都是单面投影。不同之处在于轴测图是用平行投影法画出的图形，虽具有较强的立体感，但不太符合人们的视觉习惯；而透视图是以人的眼睛为投影中心的中心投影，即人们透过一个平面来观察物体时，由观看者的视线与该平面相交而成的图形。此时，投影中心称为视点，投影线称为视线，投影面称为画面，如图 2-6-23 所示。

图 2-6-23 透视图的形成

2）透视图常用术语及符号

在学习透视作图之前需要学习透视图中常用的专业术语与符号，如图 2-6-24 所示。

①基面 G　放置景物的水平面，相当于投影面 H。
②画面 P　透视图所在的平面，画面一般垂直于基面。
③基线 gg　基面 G 和画面 P 的交线。
④视点 S　相当于人眼所在的位置，即为投影中心。
⑤站点 s　视点 S 在基面上的正投影，相当于观察者的站立点。

图 2-6-24 透视的术语与符号

⑥主视点 s'　视点 S 在画面上的正投影，又称视中心点、心点。

⑦视线　视点 S 与所画景物各点的连线。

⑧中心视线 Ss'　视点 S 与心点 s' 的连线，又称主视线。

⑨视高 Ss　视点 S 到站点 s 的距离，即人眼的高度。

⑩视距　视点到画面的距离。

⑪视平面　过视点 S 所作的水平面。

⑫视平线 hh　视平面与画面的交线。

⑬透视　空间任意一点 A 与视点的连线（即过点 A 的视线 SA）与画面的交点就是空间点 A 在画面上的透视，用 $A°$ 表示。

⑭基透视　空间任意一点 A 在基面上的正投影 a 称为空间点的基点，基点 a 的透视 $a°$ 称为基透视或次透视。

⑮透视高度　空间点 A 的透视 $A°$ 与基透视 $a°$ 之间的距离 $A°a°$ 为 A 的透视高度，且始终位于同一铅垂线上。

⑯真高线　如果空间点 A 在画面内，这样 Aa 的透视就是其本身。通常把画面上的铅垂线称作真高线。

⑰迹点　不与画面平行的空间直线与画面的交点称为直线的画面迹点，常用字母 T 表示。迹点的透视 $T°$ 即其本身，直线的透视必然通过直线的画面迹点 T，如图 2-6-25 所示。其基透视 $t°$ 在基线上，直线的基透视也必然通过迹点的基透视 $t°$。

⑱灭点　直线上距画面无限远的点的透视称为直线的灭点，常用字母 F 表示。如图 2-6-25 所示，欲求直线 AB 的灭点，也就是求其无限远点 $F∞$ 的透视 F，自 S 向无限远点引视线 $SF∞ // AB$，与画面相交于 F 点，F 点即 AB 的灭点。直线 AB 的透视一定通过其灭点 F。

从图 2-6-25 可知，直线的灭点具有如下规律：

- 相互平行的直线只有一个共同的灭点。$AB // CD$，其灭点均是 F。
- 垂直于画面的直线，其灭点即主视点。
- 与画面平行的直线没有灭点。
- 基面上或平行于基面的直线（即水平线），其灭点必定落在视平线上。

⑲全透视　迹点与灭点的连线。直线的透视必然在该直线的全透视上。如图 2-6-25

所示，TF 为直线的全透视，$A°B°$ 必在 TF 上。

从图 2-6-25 可以看出，空间上某一点的透视，即为通过该点的视线与画面的交点（迹点），某一直线的透视，即为通过该直线的视平面与画面的交线（迹线）。在画面上，若把物体可见的角点和棱线的透视依次连接起来，即得到它的透视图。

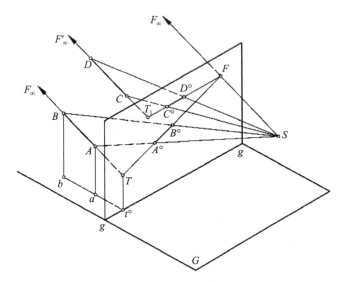

图 2-6-25　直线的迹点、灭点、全透视

3）园林景观透视图种类

根据物体（或景物）长、宽、高 3 个方向的主要轮廓线相对于画面 P 的位置关系，可将透视图分为一点透视（平行透视）、两点透视（成角透视）和三点透视。

①一点透视（平行透视）　当画面垂直于基面，且物体有两组主向轮廓线平行于画面时，所形成的透视称为一点透视，又称为平行透视。一点透视中，与画面平行的两组轮廓线没有灭点，只有垂直于画面的第三组轮廓线有一个灭点，其灭点就是心点 s'，如图 2-6-26 所示。一点透视的图像平衡、稳定，适合表现横向场面宽广或纵深较大的景观，如纪念堂、长廊、入口等，小空间的室内透视也常用这种方法表现。

图 2-6-26　一点透视图

②两点透视（成角透视）　当画面垂直于基面，物体只有一组主向轮廓线与画面平行（一般为高度方向），其余两组轮廓线均与画面相交，则有两个灭点，这样形成的透视称为两点透视，也称成角透视，如图 2-6-27 所示。两点透视的效果真实自然，易于变化，展示的视域范围更广，适合表达各种环境和气氛的建筑物或园林景观，是应用最多的一

图 2-6-27　两点透视图

种透视图形式。

③三点透视　如果画面倾斜于基面,即物体的 3 组主向轮廓线均与画面相交,这样在画面上就会形成 3 个灭点,这样的透视称为三点透视,如图 2-6-28 所示。三点透视一般用于高层建筑、仰视图或俯视图。但因绘制烦琐,一般较少采用。

图 2-6-28　三点透视图

3. 透视图基本画法

（1）视线法

视线法作图原理就是中心投影法,即过投影中心 S 作一系列视线（投影线）与实物上各点相连,这些视线与画面（投影面）相交,得到各投影点,将各投影点相连而成的图形就是该物体的透视图。

如图 2-6-29A 所示,假如空间有一点 A,现用视线法求它的透视。首先连视点 S 与 A 得视线 SA,与画面 P 交于 $A°$ 点,$A°$ 即为 A 点的透视。对此,我们可以这样分析,A 的水平投影是 a,连 Sa 与画面相交得 $a°$,由于 Aa 垂直于基面,Ss 垂直于基面,则 $SsaA$ 为垂直于基面的四边形。画面 P 也垂直于基面,因此,$SsaA$ 与画面的交线 $A°a°$ 也垂直于基面,即 $A°a°$ 垂直于基线 gg。现将主视点 s' 和 A 在画面上的正投影 a' 相连,$s'a'$ 实质上是视线 SA 在画面上的正投影,因此,交点必是同一点 $A°$。同理,视线 Sa 在画面上的正投影是 $s'a'_g$,$a°$ 也必在其上。据此就可以作图了。

如图 2-6-29B 所示,将画面和基面分开,上下对齐画出（图 2-6-29B 可看成是图 2-6-29A 在平面和立面上的正投影）,已知视高 L_1 即画面上视平线与基线 gg 的距离,视平线 hh 与基线 gg 确定了画面,以后作图时不再画出画面边界线。在基面上,视点 S 的位置与视距即基面上站点 s 到画面的水平投影 pp 的距离,pp 与 gg 实质上是同一条线,同样,

图 2-6-29 视线法作图原理
A. 空间分析 B. 作图方法

站点 s 与基线 pp 确定了基面，a 是 A 的基点。以后作图时不再画出基面边界线。

在基面上连 sa 与 pp 相交得 a_p 点；在画面上根据 a 和 L 找到 A 和 a 的投影 a' 和 a_g（在基线上）及主视点 s'，然后连接 $s'a'$ 及 $s'a'_g$；由 a_p 向上作垂线，与 $s'a'$ 相交即得透视 $A°$ 点，与 $s'a'_g$ 相交即得基透视 $a°$ 点。画面上的铅垂线 $a'a'_g$ 等于 A 点离基面的高度 Aa，故 $a'a'_g$ 也称为点 A 的真高线。

(2) 量点法

利用量点作透视图的方法称为量点法。量点法的作图原理如下：

如图 2-6-30A 所示，基面上有直线 AB。为求 AB 的透视，首先延长 AB 求得 AB 的迹点 T，过视点 S 作 AB 的平行线与视平线相交得 AB 的灭点 F，连 FT 即为 AB 的全透视（透视方向线），AB 透视 $A°B°$ 必在 TF 上。为了确定 $A°$ 在 TF 上的位置，在基线上找一点 A_1，使 $tA=TA_1$，连接辅助线 AA_1 并求其灭点 F_1，连接 F_1A_1 为辅助线 AA_1 的全透视，AA_1

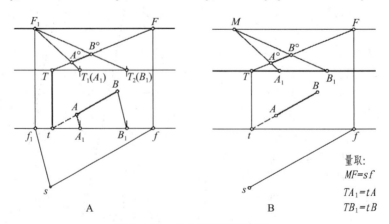

图 2-6-30 量点法的作图原理
A. 量点法原理 B. 作图方法

的透视必在 F_1A_1 上。因此，对于 A 点的透视 $A°$，它既在 TF 上，又在 AA_1 上，那么它必在这两条直线的交点上，所以两透视方向线的交点 $A°$ 即为 A 点的透视。同理可求出 $B°$。图中辅助线的灭点 F_1 称为量点，用 M 表示。

那么量点如何求作呢？从图 2-6-30A 中可知，$\triangle tAA_1$ 是等腰三角形，$tA = tA_1$。而在 $\triangle fsf_1$ 中，因为 $sf//tB$，$sf_1//AA_1$，所以 $\triangle tAA_1$ 与 $\triangle fsf_1$ 是相似三角形，$\triangle fsf_1$ 也是等腰三角形，sf_1 是底边，其两腰 $fs = ff_1$。在视平线上的 FF_1 等于基线上的 ff_1。因此，在实际绘图过程中，只要在视平线上过灭点 F 量取长度为视点到灭点的距离处即为量点 M，如图 2-6-30B 所示，通常是先在基面上作出灭点和量点，如图 2-6-31 所示，以灭点 f_1、f_2 为圆心，以 f_1s、f_2s 为半径画弧

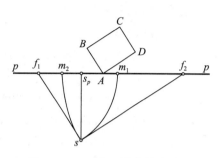

图 2-6-31 灭点、量点的求法

交 pp 于 m_1、m_2，再由 m_1、m_2 垂直向上交视平线即为 M_1、M_2。

（3）集中真高线法

由点的透视可知：空间一点的透视和基透视在同一条铅垂线上，并且两点间的线段长度是空间点的透视高度。当空间点在画面上时，它的透视高度就是空间点的实际高度。由此可以得出：在画面上的铅垂线的透视就是其本身，它能够反映该铅垂线的真实高度，所以在画面上的铅垂线被称为真高线，用 TH 表示。真高线主要用途就是求取不在画面上的铅垂线的透视高度。

集中真高线法的作图原理：等高的铅垂线，如果基透视都处在同一画面水平线上，则其透视高度相同。

如图 2-6-32 所示，直线 Aa 垂直于基面，经过点 A 和点 a 作两条相互平行的水平线 AA_1 和 aa_1，A_1 和 a_1 是直线 AA_1 和 aa_1 的迹点，并且 $A_1a_1 = Aa$。按照前面介绍的方法借助 A_1a_1 很容易就可以确定出直线 Aa 的透视。通过对图 2-6-32 的分析发现，辅助线 AA_1

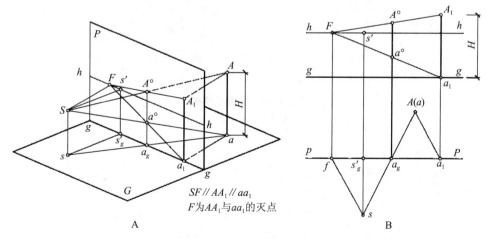

图 2-6-32 真高线作图原理
A. 空间分析　B. 作图方法

和 aa_1 的方向可以任意,尽管辅助线灭点的位置会随之发生改变,但是铅垂线 Aa 的透视 $A°a°$ 不变,基于这一规律,只要知道直线的基投影和实长就可以得到直线的透视。

任务实施

1. 绘制工具

学生绘制园林景点透视图一般选用2号图板及配套的丁字尺、三角板;条件允许,最好用1号或0号图板及配套的丁字尺、三角板绘制,另外还需要多用圆规和建筑模板等。制图铅笔可选用中华牌系列的如6H、4H、2H、HB、2B等,打底稿要求用6H、4H等硬一点铅笔,加粗可用较软的HB、2B等铅笔;如上正图,一般用针管笔,在底稿上直接按要求用不同粗细的针管笔加绘;山石、植物等也可用美工笔绘制。课堂训练用纸可采用A2幅面的普通白纸或打印纸,课外作业(含考核作业)要求用A2或更大幅面(A1、A0)的正规图纸绘制。

其他辅助工具包括:单面刀片、双面刀片、橡皮、排刷等。

2. 绘制方法

(1) 视线法作图

视线法就是根据透视形成的基本原理,即某点的透视其实就是这点和视点的连线与画面的交点。利用透视形成原理,以水平面上(基面)的正投影和正立投影面(画面)上的正投影作为基本条件求出透视。由于正立投影面与画面重合,故所求透视必然落在立面上。

[例2-6-7] 如图2-6-33A所示,已知基面上的平面 $abcd$ 及画面的位置、站点、视高,用视线法求平面的透视。

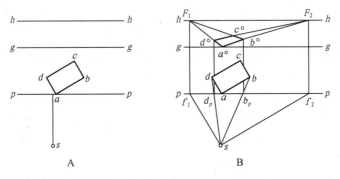

图 2-6-33 视线法作图

A. 已知   B. 作图

作图(图2-6-33B):

①作迹点。由于 a 点在画面上,故 a 为 ab、ad 的迹点。由 a 向上作垂线,交 gg 于 $a°$,$a°$ 为 a 的透视,也是 ab、ad 的迹点。

②求灭点。过 s 分别作 ad、ab 的平行线,交 pp 于 f_1 和 f_2,由 f_1、f_2 向上作垂线交 hh 于 F_1、F_2,F_1 为 ad 和 bc 的灭点,F_2 是 ab 和 dc 的灭点。

③作全透视。连接 $a°F_1$ 和 $a°F_2$。

④连视线。连视线 sd 和 sb 分别交 pp 于 d_p、b_p 两点,由这两点向上作垂线,分别交

$a°F_1$ 及 $a°F_2$ 于 $d°$ 及 $b°$。

⑤交基透视。连 $d°F_2$ 和 $b°F_1$，两线相交于 $c°$，则 $a°b°c°d°$ 为所求 $abcd$ 的透视。

[**例 2-6-8**] 如图 2-6-34A 所示的形体，以及画面的位置、站点、视高。试用视线法求立体的透视。

分析：空间点的透视高度是利用真高线的概念求作的。即点在画面上时，点的透视高度反映点的空间高度。

作图（图 2-6-34B）：

①作基透视，即作 $a°b°c°d°$，方法见例题 2-6-33。

②确定透视高度。由于 A 点在画面上，A 的透视高度反映真实高度，量取 $A°a°$ 等于形体的高度 H_1，得到上顶面的 $A°$ 点。

③作出顶面的透视 $A°B°C°D°$。连 $A°F_1$ 和 $A°F_2$，过 $b°$、$d°$ 点分别作铅垂线交 $A°F_1$ 和 $A°F_2$，即得 $B°$、$D°$，再连 $B°F_2$ 和 $D°F_1$ 交于 $C°$。

④加深形体外形轮廓，完成作图。

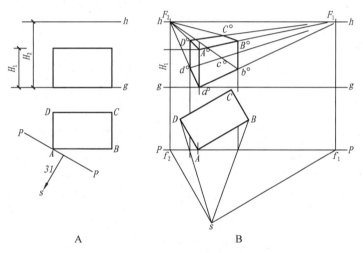

图 2-6-34　立体的透视

A. 已知　B. 作图

（2）量点法作图

量点法与视线法的区别主要在于在作景物或建筑的基透视时，直线交点透视的求法不同，确定透视高度的方法与视线法相同。

提示：应用量点法作图时，量点的数量应与图形边长（通常是互相垂直的两组边长）方向数量相同，要清楚它们的对应关系。量点其实是辅助线的灭点，在 pp 线上以迹点为圆心，以图形相对应的边长为半径画弧交画面 pp 线为一点，如图 2-6-35 中 B_1、D_1 点，M_1 其实就是 BB_1 的灭点；M_2 其实就是 DD_1 的灭点。最后，迹点与灭点相连，辅助点（实长点）与量点相连，即可求出透视点。这些透视点的求法是根据两条直线的交点的透视等于两条直线透视的交点的原理绘制而成的。

[**例 2-6-9**] 如图 2-6-35A 所示，已知基面上的平面 $ABCD$ 及画面的位置、站点、视高，用量点法求其透视。

分析：先利用量点法求出物体的基透视，再通过与画面平行的铅垂线的透视依旧为铅垂线的原理，利用基透视向上作铅垂线，然后通过真高线来求出其他空间点的透视高度。所谓真高线是位于画面上的线，即空间点在画面上时，点的透视高度反映点的空间真实高度。

作图（图2-6-35B、C）：

①作灭点。过s分别作AB、AD的平行线，交pp于f_1和f_2，由f_1f_2向上作垂线交hh于F_1、F_2，F_1为AB和DC的灭点，F_2是AD和BC的灭点。

②求量点。在视平线上量取$M_1F_1=sf_1$，$M_2F_2=sf_2$，即得M_1、M_2。

③求辅助点。在画面上量取$A°B_1=AB$、$A°D_1=AD$，得到B_1D_1（实长点）（图2-6-35B）。

④求基透视。连接$A°F_1$、$A°F_2$和B_1M_1、D_1M_2，$A°F_1$与B_1M_1相交于$B°$，$A°F_2$与D_1M_2相交于$D°$，$D°F_1$与$B°F_2$相交于$C°$，则$A°B°C°D°$为所求（图2-6-35C）。

⑤立高度。在迹点a处立高Aa=Z，再由A作出顶面BCD即可（图2-6-36）。

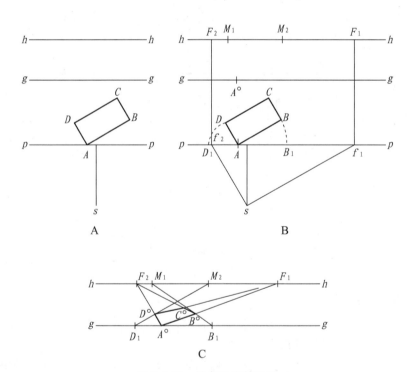

图2-6-35 量点法作基透视
A. 已知 B. 作图（1） C. 作图（2）

（3）集中真高线法

利用真高线求作各铅垂线的透视。

[**例2-6-10**] 如图2-6-37A，已知直线Aa的高度以及直线的基投影，求作直线的透视。

作图：

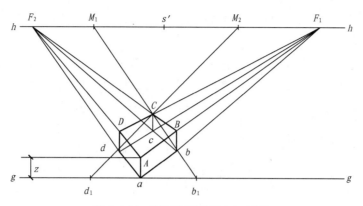

图 2-6-36　透视高度求法(立高度)

①在基面中经过直线基投影作任意直线，与基线交于点 a_1。
②经过点 s 作直线 aa_1 的平行线，与基线交于点 f，即辅助线的灭点的基投影。
③在画面中经过辅助线的迹点作一条铅垂线，量取 $A_1a_1=Aa$，即直线的真高线。
④在画面中作出辅助线的灭点 F，连接 FA_1、Fa_1，得到辅助线的透视方向。与经过点 $a°$ 量的铅垂线相交于 $A°$，那么 $A°a°$ 就是直线 Aa 的透视，如图 2-6-37B 所示。

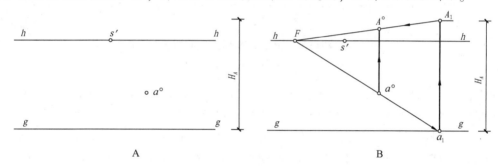

图 2-6-37　利用真高线求铅垂线的透视
A. 已知　B. 作图

如果知道了铅垂线的实长和基透视，可以直接在画面中作出直线的透视。如图 2-6-37B 所示，经过点 $a°$ 作任意直线与基线交于点 a_1，与视平线交于点 F。经过点 a_1 作直线的真高线，使 $A_1a_1=Aa$，连接 FA_1，经过 $a°$ 作铅垂线，与 FA_1 的交点即为 $A°$。

在作图过程中经常会遇到一系列铅垂线，这时可以采用集中真高线法求取这些直线的透视高度。

如图 2-6-38 所示，已知铅垂线 Aa、Bb 和 Cc 的基透视和实长，并且3条直线都在基面上，只需要一条真高线即可以求出各条直线的透视。为了避免真高线与作图线混淆，一般将真高线放置在远离图纸的位置。在基线上任选一点 n，经过 n 点作铅垂线 nN 作为真高线。在真高线上量取直线的高度，得到量高点 A_1、B_1 和 C_1。在视平线上任选一点 F 作为灭点(点 F 也应该远离作图区域)，连接灭点 F 和各量高点及点 n。经过点 A 的基透视 $a°$ 作水平线，与 Fn 交于点 $a_1°$，经过点 $a_2°$ 向上作铅垂线，与 FA_1 相交，两个交点的距离就是 A_1n 的透视高度 $A_1°a_1°$，也就是铅垂线 Aa 的透视高度(图 2-6-38)，根据透视高度作出点 A 的透视。按照相同的方法，可以求出直线 Bb 和 Cc 的透视。

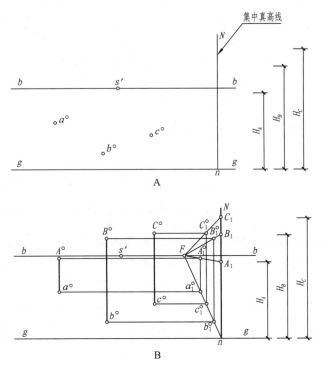

图 2-6-38 利用集中真高线法求取铅垂线的透视高度
A. 已知　B. 作图

提示：因为铅垂线 Aa、Bb 和 Cc 都在基面上，所以都是以 Fn 作为基准，铅垂线基点不在同一水平面上的时候，对应的 n 点是不相同的。

当然在实际作图中不仅仅是一根直线或者一个点，但是不管怎样复杂的建筑或园林景观都是由最基本的几何元素——点、线组成，只要掌握了最基本的作图方法，完成复杂的透视效果图也就不难了。

[例 2-6-11] 假设空间 4 棵树的高度分别为 GA、GB、GC、GD，它们的基透视位置分别为 A'、B'、C'、D'，如图 2-6-39 所示，求作树木的透视高度。

图 2-6-39 集中真高线法画透视图

作图：

①在不影响透视图画面的情况下，在基线上任取一点 H，过 H 作铅垂线，截取树木真高得 HA、HB、HC、HD，在视平线上任取一点 K，连接 HK。

②由 A' 点作水平线，与 HK 交于 A_1 点，过 A_1 作铅垂线交 KA 于 A_2 点，A_1A_2 即为此树的透视高度，可由 A_2 向回引水平线，再过 A' 点作铅垂线，画出树木轮廓，则得树木

的透视图。

③重复上述步骤，画出其他树木的透视图，图中 HC 即为集中量高线，在作园林透视图时，经常用到。

3. 识读技巧

园林景点透视图立体感强，符合人的视觉习惯，与照相机拍摄的照片效果近似而更简略和概括，一般是给非专业的客户(甲方)或者主管领导看的，当然也可作为专业人员的参考。这里的识读是针对初学的专业人员(学生)来说的。由于受到透视变形的影响，相同大小或者高度的景物由于所处的远近位置不同，会产生近大远小的透视变化，不能因为这种变化而误判景物或建筑的实际位置和大小关系；作为以后的专业人员更要具有对实景或设计形象的准确表现能力。

另外，要根据图中建筑、地面或道路的透视情况判断出是一点透视还是两点透视；甚至还要能判断视距的远近和视点的高低。如果在景点的地面或者建筑中有平行的水平线，而视线方向的直线透视变形很大，而且远处相交于一点，则是一点透视；如果有两组线分别在不同方向相交，而且两个交点在一条水平线，那么就是两点透视。对一点透视而言，视距越近，物体侧面越大，反之则小；视点越高，物体基面透视线越倾斜，反之则越缓。对两点透视而言，视距越近，两组不同方向的透视线角度越小，反之则大；视点越高，物体基面两组透视线越倾斜，反之则越缓。

注意，视距远近要适中，太远透视过小；太近，透视失真。视点高度也要适中，一般要和人站在地面上的高度接近，略低或略高都可以。不能过低，景物透视效果过于夸张，不符合平时的视觉习惯，过高就成鸟瞰图了，景点透视一般不常用鸟瞰图效果。

巩固训练

园林景点透视图绘制训练，利用 A2 幅面的图纸绘制。

自测题

1. 视线法求透视与量点法透视有什么不同？什么情况下采取什么方法比较适合？
2. 真高线是指什么？集中真高线法的原理或前提是什么？
3. 一点透视与两点透视有什么区别？
4. 站点位置、视高以及画面与景物的相对位置关系对透视有什么影响？

数字资源

任务 6-3 绘制与识读鸟瞰图

学习目标

【知识目标】
(1) 熟悉园林景物鸟瞰图形成的基本原理。
(2) 掌握利用透视方格网法绘制鸟瞰图的基本方法。

【技能目标】
(1) 能够绘制平行和成角透视鸟瞰图。
(2) 能够根据实际景物表现需要选绘不同的鸟瞰图。

知识准备

1. 园林鸟瞰图基本知识

1) 园林鸟瞰图的一般特征

在做园林设计方案时，为了表现全局设计效果，通常要绘制鸟瞰图。鸟瞰图一般是指视点高于景物的透视图。根据人的视觉特点和规律，站得高，看得远。人可以站在建筑、山顶等高点，甚至可以在飞机上俯瞰大地景观。之所以称为鸟瞰图就是因为人可以像鸟一样在空中俯视地面的景物。因此，绘制鸟瞰图的首要条件就是视高高于要表现场景的高度，而且要有一定的角度和视距，角度和视距不同就会形成不同效果的鸟瞰图。

鸟瞰图与一般景点透视图一样，也遵循近大远小的变形规律，但不如一般景点透视明显；而且鸟瞰图中景物的透视线是近低远高，向远上方消失，但也落在视平线上。

2) 园林鸟瞰图类型与特点

根据画面与表现对象之间的关系，透视鸟瞰图分为顶视、平视和俯视三大类，其中平视和顶视鸟瞰图在园林设计中比较常用，而俯视鸟瞰，特别是俯视三点透视鸟瞰图由于作图烦琐，在园林效果表现中很少采用。本书重点介绍平视鸟瞰图的做法。

对于小型的园林景观鸟瞰图的绘制较为简单，通常灭点或者距点都在图面中，可以采用前面介绍的方法——视线法、量点法进行绘制，作图方法没有变化，只是视高高于正常值。对于大型的场景，如城市公园、居住小区等，构图较为复杂，并且往往灭点或者距点不可达，这时可借助透视网格进行辅助作图，这种方法称为网格法。平视鸟瞰图也可以按照观察视角的不同(与画面的角度不同)分为一点鸟瞰图(图 2-6-40)和两点鸟瞰图(图 2-6-41、图 2-6-42)；因此，网格法分为一点透视网格法和两点透视网格法。

2. 鸟瞰透视图绘制原理

1) 一点透视网格制作园林鸟瞰图的原理

平面网格中有两个方向的直线——X 轴方向和 Y 轴方向，在一点透视中，平面网格纵向(Y 轴向)网格线垂直于画面，其透视方向就是轴线上的等分点与心点的连线。水平

图 2-6-40　园林景观鸟瞰图（一点透视）

图 2-6-41　园林景观鸟瞰图（两点透视）

图 2-6-42　城市景观局部鸟瞰图（两点透视）

方向（X 轴向）的网格线与画面平行，在透视图中仍然保持水平，只是间距由近及远会逐渐缩小，缩小的间距需要借助方格网的 45°对角线求取，在一点透视中 45°对角线有共同的灭点，灭点就是距点 D。

（1）一点透视网格的绘制方法

如图 2-6-43 所示。

①在图面上定出视平线 hh、基线 gg、心点 s' 和网格的坐标原点 O；视高最好取最高景物的 2~3 倍。

②在基线上以点 O 为起点，依次截取等长，确定各等分点，并进行标注，如图 2-6-43

所示。连接心点 s' 和各等分点,得到垂直于画面的网格线(Y 轴向网格线)的透视。

提示:绘制透视网格的时候,最好与平面网格成一定比例,以便于精确定点和按比例缩放。

③在视平线上定出距点。视距可以取画幅宽度的 1~2 倍,本例取 1 倍画幅宽度。通常情况下,距点会在图面之外,这时可以取 1/2 视距或者 1/3 视距,分别记作距点 $D_{1/2}$ 和 $D_{1/3}$。连接点 0 和 $D_{1/2}(D_{1/3})$,与 $s'1$ 相交于点 $a_1(b_1)$,经过点 $a_1(b_1)$ 作水平线,与 $s'2(s'3)$ 交于点 $a_2(b_3)$,直线 $0a_2(0b_3)$ 是经过原点的 45°对角线的透视,直线 $0a_2(0b_3)$ 的延长线与视平线的交点就是点 D。

④经过 $0a_2(0b_3)$ 与 Y 轴向网格线的交点作水平线,即得水平网格线(X 轴向网格线)。

⑤在图面上定出真高线,并作出侧面透视网格。

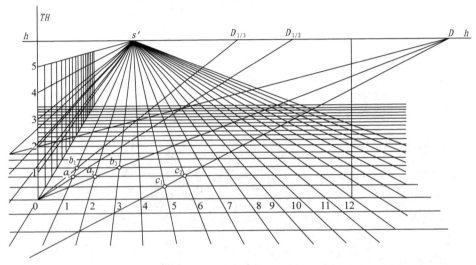

图 2-6-43 一点透视鸟瞰网格

这时绘制出的透视网格只占图纸的一部分,可以利用对角线的透视将透视网格延展。在图中任选一个透视方格的对角点,如点 c_1 和点 c_2,连接并双向延长,将 X 轴向的交点与心点相连得到 Y 轴向的网格线,经过与 Y 轴向的交点作水平线得到 X 轴向的网格线,如图 2-6-43 所示。

(2)利用一点透视网格求园林鸟瞰图

①可用硫酸纸画好平面方格网固定在平面图的适合位置,也可以在平面图上直接画好平面方格网,水平方向用数字标序,纵向用字母标序。

②在画好的一点透视方格网中,按平面方格中景物的对应位置画出园林景物的地平面透视。

③按园林景物的高度,参照比例,利用集中真高线法求出各景物的透视高度。

④精确画出建筑、道路和水体的透视,较为准确地画出山石、植物的透视。

⑤将景物外轮廓加粗,并擦去多余的透视求作线(学生作业可以保留求作线,以判断绘制的准确性),即完成鸟瞰图的绘制。

⑥润色处理,如对园林各景物进行质地和虚实的处理等,如需要还可上色等。

2) 两点透视网格绘制园林鸟瞰图的原理

两点透视鸟瞰图适合表现场景更大、景物更复杂和丰富的建筑或园林景观。这种透视图的绘制需要借助于两点透视网格。

(1) 两点透视网格的绘制方法

两个灭点可达的透视网格绘制比较简单，所以主要介绍两个灭点不可达时透视网格的绘制。制作方法如下：

①如图 2-6-44 所示，在图纸中适当位置布置视平线 hh、基线 gg 以及网格的坐标原点 O，在基线上以坐标原点为起点向两侧截取网格单位长度，得到分点 1_1、2_1、3_1 和 1_2、2_2、3_2 等。

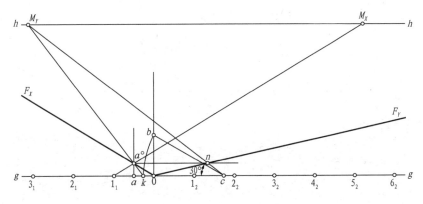

图 2-6-44　量点、轴的做法

②在线段 1_1O 上选定一点 a，设 $Oa/O1_1=k$，根据需要选定 $k=0.3$ 左右，则 X 轴、Y 轴的透视较陡，夹角较小；如果 $k=0.8$ 左右，则 X 轴、Y 轴的透视较平缓，夹角较大。

③在视平线上任意位置定出量点 M_x，连接 M_x1_1，与经过点 a 的铅垂线交于点 $a°$，连接 $Oa°$ 并延长，即得到 X 轴的透视。

④经过点 O 作铅垂线，在其上截取 $bO=1_1O$（一个单位长度），经过点 b 作倾斜直线（本例直线倾斜角度为 30°）。倾斜直线与基线交于点 c，以点 c 为圆心，以 bc 为半径作弧，交基线于点 k。连接 $a°k$ 并延长，与视平线的交点就是点 M_Y。连接 $M_Y c$，与经过点 $a°$ 的水平线相交于点 n，连接点 O 和点 n 并延长，得到 Y 轴的透视。

提示：经过点 b 的斜线的夹角等于 Y 轴与画面的夹角。

可以看出图中 X 轴、Y 轴的灭点都在图面之外，需要借助方格网的对角线进行辅助作图，所以还需要确定对角线的灭点。

⑤按上述步骤，如图 2-6-45 所示，在基线与视平线之间的任意位置作一条水平线，与 X、Y 轴透视分别交于点 f_x 和点 f_y，以 $f_x f_y$ 为直径作圆，经过圆心作铅垂线，交圆周于点 p。以 f_y 为圆心，以 $f_y m_y$ 为半径向下作弧，与圆周交于点 q，连接 pq，与 $f_x f_y$ 交于点 $f_{45°}$，连接点 O 和 $f_{45°}$ 并延长，与视平线的交点就是方格网对角线的灭点 $F_{45°}$。

⑥如图 2-6-46 所示，分别连接对应量点和基线上的等分点，与对应轴相交，得到轴向上的等分点的透视——点 $1°_1$、$2°_1$、$3°_1$ 和点 $1°_2$、$2°_2$、$3°_2$ 等。连接 $2°_1 2°_2$，与 $OF_{45°}$ 交于点 f_1，$f_1 1°_1$ 和 $f_1 1°_2$ 就是一条 Y 轴向和 X 轴向网格线。再连接对角线和任意等分点，

图 2-6-45　对角线灭点的做法

图 2-6-46　完成两点透视网格的绘制

与已经完成的网格线相交,连接交点和对应分点又可以绘制一条网格线,用同样的方法就可以完成两点透视网格的绘制。

(2)利用两点透视网格求园林鸟瞰图

①可用硫酸纸画好平面方格网固定在平面图的适合位置,也可以在平面图上直接画好平面方格网,水平方向用数字标序,纵向用字母标序。

②在画好的两点透视方格网中,按平面方格中景物的对应位置画出园林景物的地平面透视。

③按园林景物的高度,参照比例,利用集中真高线法求出各景物的高度。

④精确画出建筑、道路和水体的透视,较为准确地画出山石、植物的透视。

⑤将景物外轮廓加粗,并擦去多余的透视求作线(学生作业可以保留求作线,以判断绘制的准确性),即完成鸟瞰图的绘制。

⑥润色处理,如对园林各景物进行质地和虚实的处理等,如需要还可上色等。

任务实施

1. 制图工具

学生绘制园林景物鸟瞰图一般选用 2 号图板及配套的丁字尺、三角板；条件允许，最好用 1 号或 0 号图版及配套的丁字尺、三角板绘制，另外还需要多用圆规和建筑模板等。制图铅笔可选用中华牌系列的如 6H、4H、2H、HB、2B 等，打底稿要求用 6H、4H 等硬一点的铅笔，加粗可用较软的 HB、2B 等铅笔；如上正图，一般用针管笔，在底稿图上直接按要求用不同粗细的针管笔加绘；山石、植物等也可用美工笔绘制。课堂训练用纸可采用 A2 幅面的普通白纸或打印纸，课外作业（含考核作业）要求用 A2 或更大幅面尺寸（A1、A0）的正规图纸绘制。

其他辅助工具：单面刀片，削铅笔用；双面刀片，刮画错的墨线，也可用来裁纸；橡皮，擦铅笔线；排刷，用来清理橡皮和纸屑等。

2. 绘制方法

（1）利用一点透视网格作图

利用透视网格绘制鸟瞰图之前，先画好一张方格网（最好绘制在硫酸纸上），然后将方格网覆在平面图上。将绘制鸟瞰图的图纸覆在透视网格之上，将平面图中各点通过目测定位到透视网格对应的位置，连接对应点，得到透视平面图。经过各点向上量取透视高度，进而完成鸟瞰图绘制。

在这一过程中绘制透视平面图较为简单，关键是量取透视高度，可以采用集中真高线法确定铅垂线的透视高度，但是集中真高线作图烦琐，并且误差较大，这就需要一些技巧了。

[例 2-6-12] 已知某一街角景观的平面图和立面图（图 2-6-47），利用网格法绘制一点透视鸟瞰图。

作图：

① 绘制平面透视图。

图 2-6-47　街角景观平面图和立面图

②量取透视高度。由于平行于画面的正方形，透视仍然是一个正方形，即高度和宽度是相等的。如图 2-6-48 所示，经过铅垂线 Aa 的基透视 $a°$ 作水平线，根据 V 面投影测算 Aa 对应的网格数量——1.5 个，在水平线上从点 $a°$ 开始起量 1.5 个网格宽度，得到 $A_1°$，将 $a°A_1°$ 以 $a°$ 为圆心"立"起来，就是该点的透视高度。

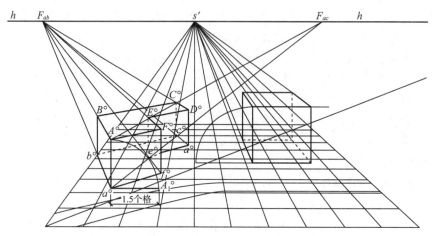

图 2-6-48　街角景观的一点透视鸟瞰图

③同理求得其他各点的透视高度。擦除多余的线条，整理得到一点透视鸟瞰图。

提示：透视高度还可以利用透视规律来求得，如点 $B°$，连接 $a°b°$ 并延长，与视平线交于一点 F_{ab}，F_{ab} 也是 $A°B°$ 的灭点，所以连接 $A°F_{ab}$ 与经过 $b°$ 的铅垂线的交点就是 $B°$。

[例 2-6-13] 如图 2-6-49 所示。已知园景的平面和立面，观察者的视高和视点及画面位置。求作该园景的一点透视鸟瞰图。

作图：

①根据园景平面图的复杂程度，确定网格的单位尺寸，并在园景平面图上绘制方格。为了方便作图，分别给网格编上号。通常顺着画面方向，即网格的横向采用阿拉伯数字编号，纵向采用英文字母编号。

图 2-6-49　园景的平面、立面及视高、视点和画面位置

②定出基线 gg，视平线 hh 和主视点 s'。

③在视平线 hh 上于 s' 的右边取视距得量点 M。按一点透视网格画法，把平面图上的网格绘制成一点网格透视图。

④按透视规律，将平面图上景物的各控制点定位到透视网格相对应的位置上，从而完成景物的基透视图。

⑤在网格透视图的右边设一集中真高线，借助网格透视线分别作出各设计要素的透视高。

⑥运用表现技法，绘制各设计要素，然后擦去被挡部分的植物、景墙、水池等以及透视网格线，完成园景的一点透视鸟瞰图，如图2-6-50所示。

鸟瞰图的基透视画法

(2)利用两点透视网格作图

基本方法、步骤与一点网格透视接近，只是透视条件不同，两点网格透视绘制起来要复杂一些，绘制时要细心准确。

图2-6-50 园景鸟瞰图(一点透视)

[例2-6-14] 已知某小区的平面图和立面图(图2-6-51)，利用两点透视网格法绘制鸟瞰图。

作图：

①绘制透视平面图。

②量取透视高度。经过点O作铅垂线OK，所有的透视高度都需要以这条铅垂线作为起量的基准。以求取 Aa 处墙角线的透视高度为例，过 $a°$ 作水平线，与 OK 交于 a_1 点。根据图2-6-51中的立面图，$a°$ 处的真实高度为6.2m(每个单元格5m)，在基线上按比例确定距离点O为6.2m的点 k_1，连接 Kk_1，与过 $a°$ 的水平线交于点 a_2，a_1a_2 即为 $a°$ 处的透视高度。过 $a°$ 的垂线上取 $a°A° = a_1a_2$，即得墙角线 Aa 的透视。再如 Dd 的透视高度，经过点 $d°$ 作水平线，与 OK 和 Kk_1 交于点 d_1 和 d_2，则 d_1d_2 就是 Dd 的透视高度。同理可求出这栋建筑物其他墙体线的透视高度。

其实在绘制的过程中，并不需要一一求出各条铅垂线的透视高度，某一立体(建筑)有若干条等高的墙角线，当求出其中两条墙角线的透视高度之后，其他墙角线的透视可以利用对角线及其透视关系求得。如图2-6-52B中最右侧的建筑物，按照前面介绍的方法求出 $E°e°$ 和 $F°f°$ 的透视高度，连接对角线 $e°g°$ 并延长，与视平线交于点 F_{ge}，点 F_{ge} 是对角线 $e°g°$ 和 $E°G°$ 的共同灭点，所以连接 F_{ge} 和 $E°$ 与经过点 $g°$ 的铅垂线的交点就是 $G°$。再连接对角线 $f°h°$，与 $e°g°$ 交于点 $o°$，经过点 $o°$ 向上作铅垂线，交 $E°G°$ 于点 $O°$，连接 $F°O°$ 并延长，与过点 $h°$ 的铅垂线的交点即是点 $H°$。

③连接对应点完成建筑物的透视图，然后添加配景，完成鸟瞰图的绘制(图2-6-52C)。

对园林设计来说，用网格法作鸟瞰图比较实用，尤其对不规则图形和曲线状景物作

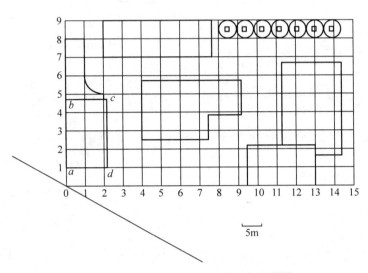

图 2-6-51 小区平面图和立面图

鸟瞰图更为方便。

3. 识读技巧

园林鸟瞰图识读技巧同"景点透视图识读技巧",此处不再重述。

巩固训练

站在高点绘制景观环境局部鸟瞰图,感受鸟瞰效果与求作效果的对比,同时注意观察和刻画鸟瞰图中的建筑、小品、道路广场和植物景观效果。

自测题

1. 鸟瞰图具有哪些透视特征?平视鸟瞰图的绘图特点有哪些?
2. 仰视透视图与鸟瞰图的形成条件和效果有什么区别?
3. 平行透视鸟瞰图与成角透视鸟瞰图有什么区别?分别适合表现什么场景?

项目6 园林效果图绘制与识读

图 2-6-52 小区鸟瞰图
A. 平面透视图 B. 确定透视高度 C. 作图结果

知识拓展

参考文献

935景观工作室, 2011. 园林细部设计与构造图集2[M]. 北京：化学工业出版社.
李随文, 刘成达, 2010. 园林制图[M]. 郑州：黄河水利出版社.
陈雷, 李浩年, 2001. 园林景观设计详细图集2[M]. 北京：中国建筑工业出版社.
董南, 2005. 园林制图[M]. 北京：高等教育出版社.
高远, 2007. 建筑装饰制图与识图[M]. 北京：机械工业出版社.
谷康, 李晓毅, 朱春艳, 2003. 园林设计初步[M]. 南京：东南大学出版社.
谷康, 2004. 园林制图与识图[M]. 南京：东南大学出版社.
何斌, 陈锦昌, 陈炽坤, 2001. 建筑制图[M]. 北京：高等教育出版社.
何铭新, 郎宝敏, 陈星铭, 2001. 建筑工程制图[M]. 北京：高等教育出版社.
胡长龙, 胡桂林, 2010. 园林景观手绘表现技法[M]. 2版. 北京：机械工业出版社.
黄晖, 王云云, 2006. 园林制图[M]. 重庆：重庆大学出版社.
蒋晓燕, 2010. 建筑工程施工图实例图集[M]. 北京：人民交通出版社.
金煜, 2005. 园林制图[M]. 北京：化学工业出版社.
李素英, 刘丹丹, 2015. 风景园林制图[M]. 北京：中国林业出版社.
卢仁, 金承藻, 1989. 园林建筑设计[M]. 北京：中国林业出版社.
毛培琳, 2003. 园林铺地设计[M]. 北京：中国林业出版社.
穆亚萍, 张远群, 2009. 园林工程制图[M]. 北京：中国林业出版社.
上林国际文化有限公司, 2006. 居住区景观规划100例[M]. 武汉：华中科技大学出版社.
史小娟, 2008. 园林制图与计算机绘图[M]. 北京：中国劳动社会保障出版社.
宋安平, 等, 1999. 土木工程制图[M]. 北京：高等教育出版社.
田建林, 2009. 园林景观铺地与园桥工程施工细节[M]. 北京：机械工业出版社.
王桉, 刘晓青, 2017. 景观设计制图与识图[M]. 合肥：安徽美术出版社.
王晓俊, 2009. 风景园林设计[M]. 南京：江苏科学技术出版社.
吴机际, 2009. 园林工程制图[M]. 广州：华南理工大学出版社.
夏振平, 2008. 园林制图[M]. 北京：中国农业出版社.
佚名, 1995. 风景园林图例图示标准：CJJ 67—95[S]. 北京：中国建筑工业出版社.
佚名, 2015. 风景园林制图标准：CJJ/T 67—2015[S]. 北京：中国建筑工业出版社.
佚名, 2017. 房屋建筑制图统一标准：GB/T 50001—2017[S]. 北京：中国建筑工业出版社.
张吉祥, 2004. 园林制图与识图[M]. 北京：中国建筑工业出版社.
张淑英, 2005. 园林工程制图[M]. 北京：高等教育出版社.
赵林, 等, 2004. 园林景观设计详细图集4[M]. 北京：中国建筑工业出版社.
钟训正, 1985. 建筑画环境表现与技法[M]. 北京：中国建筑工业出版社.
周业生, 2005. 园林设计基础[M]. 北京：高等教育出版社.
朱祥明, 2004. 园林景观设计详细图集5[M]. 北京：中国建筑工业出版社.
筑龙网, 2007. 园林古建小品设计、园林景观构造及细部设计[M]. 北京：机械工业出版社.